U0221002

逯耀东 著

肚大能容

中国饮食文化
散记

生活·讀書·新知 三联书店

著作财产权人：© 三民书局股份有限公司

本著作中文简体字版由三民书局股份有限公司许可生活·读书·新知三联书店有限公司在中国大陆地区发行、散布与贩售。

版权所有，未经著作财产权人书面许可，禁止对本著作之任何部分以电子、机械、影印、录音或任何其他地方复制、转载或散播。

图书在版编目（CIP）数据

肚大能容：中国饮食文化散记/逯耀东著. —3版. —北京：
生活·读书·新知三联书店，2021.4
ISBN 978 - 7 - 108 - 06909 - 2

Ⅰ.①肚…　Ⅱ.①逯…　Ⅲ.①饮食－文化－中国
Ⅳ.① TS971

中国版本图书馆 CIP 数据核字（2020）第 134729 号

责任编辑　赵庆丰

装帧设计　薛　宇

责任印制　张雅丽

出版发行　*生活·讀書·新知* 三联书店

　　　　　（北京市东城区美术馆东街 22 号 100010）

网　　址　www.sdxjpc.com

经　　销　新华书店

印　　刷　河北鹏润印刷有限公司

版　　次　2021 年 4 月北京第 3 版
　　　　　2021 年 4 月北京第 1 次印刷

开　　本　787 毫米 × 1092 毫米　1/32　印张 9.125

字　　数　173 千字

印　　数　0,001 - 6,000 册

定　　价　49.00 元

（印装查询：01064002715；邮购查询：01084010542）

目 录

序：肚大能容

《世说新语·排调》说："王丞相枕周伯仁膝，指其腹曰：'卿此中何所有？'答曰：'此中空洞无物，然容卿辈数百人。'"王导与周颉友好，常互相排遣。他们是魏晋中人，语多机锋。周颉说他腹中空洞无物，却能容纳包括王导在内数百人。东晋渡江朝中人物，都纳入他腹中了，真是肚大能容。肚大能容与俗语所谓宰相肚里能撑船同义。作为一个政治人物，应有兼容并蓄的雅量，否则，只是转瞬即逝的政客。

同样的，作为一个饮食文化的工作者，也是要肚大能容的。饮食文化工作者不是美食家。所谓美食家专挑珍馐美味吃，而且不论懂或不懂，为了表现自己的舌头比人强，还得批评几句。饮食文化工作者不同，味不分南北，食不论东西，即使粗蔬粝食，照样吞咽，什么都吃，不能偏食。而且所品尝的不仅是现实的饮食，还要与人民的生活与习惯，历史的源流与社会文化的变迁衔接起来成为一体。所以饮食工作者的肚量比较大些，不仅肚大能容，而且还得有个有良心的肚子，对于吃过的东西，牢记在心，若牛啮草，时时反乌。当然，将吃作为研究的对象，吃起来就觉得其味缺缺。不过，如能保持欣赏态度，慢慢品尝，情味自在其中。

我自幼嘴馋，及长更甚。在没有什么可食时，就读食谱望梅止渴。有时兴起，也会比葫芦画瓢，自己下厨做几味。不过所读的食谱，非一般坊间所售，多是名家经验累积，或具有地方特色风味者。因为自己是学历史的，凡事欢喜寻根究底，于是又开始读古食谱。这些古食谱不仅记录当时的烹饪技巧，同时也反映社会与文化的变迁。因此，将食谱与自己所学联系起来，许多过去未留意的问题都渐渐浮现了，这才发现中国饮食文化是一个还未拓垦的领域。虽然现在已经有不少有关饮食文化的著作，但一部分还停留在掌故阶段，另一部分则是考古或文字资料的诠释，很少将开门七件事油、盐、柴、米、酱、醋、茶的琐碎细事，与实际生活和社会文化变迁衔接起来讨论。饮食虽小道，然自有其渊源与流变，不是三言两语说得清的。

所以，十年前我从香港中文大学，再回到台湾大学历史系教书，先后在系里开了"中国饮食史""饮食与文化""饮食与文学"等课程。这是第一次将不登大雅的问题，带进历史教学的领域，没有想到这门课程颇能引起学生的兴趣，每次选课都在百人以上。去年最后开"饮食与文化"，选课的竟三百多人，普通教室容不下，在文学院大讲堂上课，挤得满满的，更有站立在后面或坐在两旁阶梯上的，非常热闹，这是台大历史系多年没有的盛况了。过去十年，我一直想将中国饮食文化的讨论，从掌故提升到文化的层次，事实上我已播下种子，只是现在真的离开了，也不知道将来结果如何。

我从开始对于中国饮食发生兴趣，就认为是一种外务。但这些年的无心插柳，前后出版了《只剩下蛋炒饭》《已非旧时味》《出门访古早》。现在这本《肚大能容》是过去两三年在报纸副刊发表的读书札记及探访饮食的随笔，和过去写的饮食文章相较，已经向社会文化领域迈步，但还不成体系，希望以后继续在这个领域探索，将饮食与社会文化的变迁结合，以历史的考察、文学的笔触，写出更有系统的饮食文化的著作来。

书中附了"烟雨江南""钱宾四先生与苏州"，不是饮食的文章，但都是探访饮食过程中写下的，也可以对饮食的探访提供一个背景的了解。

各地菜肴，都有炒什锦一味，就是将不同的材料，置于锅中或炒或烩成菜。这本书写的虽然都是饮食，但却很驳杂，故称为散记。至于肚大能容，当然不限于饮食一隅，尤其适合我们现在生活的这个空间。我们生活的空间，地狭人稠，人挤人。我唯恐这样挤来挤去，挤得心胸越来越狭窄，长此以往，一切都挤得缩小了，会出现《蜀山剑侠传》后来写的小人、小马、小车、小城镇来。拉杂写来，以此为序。

逯耀东序于台北糊涂斋

二〇〇一年七月十二日

又 记

我是一个馋人，常常两肩担一口，东西南北走。无他，觅食而已。但吃的也不是珍馐美味，只是平常百姓家的日常之食。所以，我不是美食家。其后，因为教学，搜罗一些有关的资料，这些都是油腻腻的，旁人不屑一顾。但渐渐发现中国饮食虽然是小道，却有深厚的文化基础，非仅茶余酒后的谈助而已。

自古以来，儒道两家，道不同不相为谋，然儒家的维生与道家的养生，却并存于食书，相互为用。魏晋六朝士人好援饮馔滋味论学，名士谈玄尤重言味，钟嵘论诗，以品味定高下，此后滋味与品味合流，出现于文士诗文之中，张岱《陶庵梦忆》、李渔《闲情偶寄》都是有品位的明清小品。所以，这些年不论教学、研究或探访饮食，一直有一个想法，如何将过去日常生活的开门七件琐琐细事，由掌故与资料提升到文化的层次。

朋友称我是个乐观的保守主义者。乐观的保守主义者不愿意却不抗拒任何的改革与改变，但对任何旧事物的没落与

1

消逝，当然包括饮食，总会平添几许闲愁，不知饮食也商品化以后，南北同调，众菜一味，还有什么可吃的。去年过上海，饭罢德兴馆，闲步南京路，突见"啃大鸡"招徕顾客的车子，自熙熙攘攘的人群缓缓驶来，心中突然一惊，惊的是也许有一天，孩子们吃饭不愿再用筷子了。

　　《肚大能容》出版后，颇脍人口，更得三联书店青睐，在大陆发行，欣喜何似。又承王世襄先生为本书题签，特此致谢。

逯耀东写于台北糊涂斋

二〇〇二年六月

豆汁爆肚羊头肉

豆汁、爆肚、羊头肉是北京人的小吃。八年前，去京北草原，往返两过北京。来去匆匆，连碗豆汁也没喝着，心里老惦记着。此次重临，没有紧要的事办，闲散了十日。于是，走大街穿胡同溜达，不仅喝着了豆汁，还吃了爆肚与羊头肉。

一、豆汁爆肚羊头肉

我非燕人，过去也没喝过豆汁。但豆汁却是老北京的小食，雪印轩主《燕都小食品杂咏》说："糟粕居然可作粥，老浆风味论稀稠；无分男女齐来坐，适口酸盐各一瓯。"诗后自注云："豆汁即绿豆粉浆也。其色灰绿，其味酸苦，分生熟两种，熟者挑担沿街叫卖，佐咸菜食之。"咸菜是盐水腌的芥菜头，切成细如发丝的咸菜，以干辣椒入油炸透，再将滚烫的辣油，倾于咸菜丝上，其味尽出，并配焦圈食之。焦圈是和妥油面，挽成细如小拇指粗的环状，入油炸焦，其程序一如炸油条，入口焦脆。豆汁由来已久。《今古奇观》的《金玉奴棒打薄情郎》，故事即由金玉奴以豆汁救活饥寒交迫的书生莫稽开始，后改编成杂剧，就取名《豆汁记》，京剧的《鸿鸾禧》或《金玉奴》即由此而来。现在，北京人喝豆汁的习惯没落了。不过，这次不远千里而来，潜意识里就想喝碗这种逐渐消逝的"京味儿"。

这次来北京，恰逢重阳过后的深秋，正是北京人贴秋膘的季节。《燕京风俗志》云："立秋日，人家有丰食者，云贴秋膘。"贴秋膘是广东人说的进补，广东进补吃三蛇，北京人补秋膘吃鲜羊肉。虽然北京人一年四季都吃羊肉，这个季节更盛。红焖、清炖、包饺子、蒸包子及涮烤皆佳。《都门杂咏》咏煨羊肉云："煨羊肥嫩数京中，酱用清汤色煮红。日午烧来焦且烂，喜无膻味腻喉咙。"羊肉细火文煨，午间下锅晚上吃，再酌二锅头四两，这种生活对老北京而言，真的是"亚赛王侯"了。此时来北京，该吃顿牛羊肉了。于是我们去了宣武门外的牛街。

牛街是北京回民卖鲜牛羊肉的一条街，喜的是这条街还没有受改革开放的感染。街面不宽，都是北京老旧的矮房子，朴实无华。鲜牛羊肉床子比邻而设，其间还夹杂卖熟食的杂货摊子。我们去时正是上灯时分，今日的门市已过，有些鲜牛羊肉床子正在清理案子，有的已悬挂起明日朝市出售的整只肥羊。闲下来的伙计倚着门框或坐在店前吸烟闲扯，此情此景仿佛是在老舍的小说里常见的。最后在家小吃食店

2

门前住脚，掌柜的在门前笑脸相迎，说店里有爆肚吃，我二话没说，就进了店。

爆肚也是北京人的大众食品。当年东安市场西德顺的爆肚王，誉满京华。爆肚是水爆，爆时的水温与火候，都得拿捏得恰到好处，而且不论生意多忙，都是一份一爆，且不可大锅分盘，爆妥上桌蘸红豆腐汁加香油，即食。爆肚王的爆肚，除了爆毛肚，还有爆肚仁、爆散丹、爆肚板、爆肚领等。尤其爆肚仁，爆出来白嫩似虾仁，确是妙品。爆肚王除了爆品外，尚有白煮的下水，是为白卤。当年以爆肚著名的，还有天桥的爆肚石、前门外的爆肚杨。过去台北一度也有爆肚可吃，即沙苍的天兴居。沙苍说天兴居是他家在前门外大栅栏卖爆肚的字号。我常去光顾，彼此成了朋友。后来因不善经营而歇业，沙苍也不知去向。现在北京要吃爆肚不难，长安大街一字排开的观光夜市，就有好几家。但要吃到像样可口的爆肚却不易。

进得店来，店面不大，只有六七张桌子，设备非常简单。里面的一张桌子，有几个内蒙古青年，正在吃涮羊肉。紫铜火锅炉底炭火正旺，火苗向上直冒，锅里汤正滚着，散发出的蒸气，使几张欢笑的脸也变得模糊了。我们找了张靠窗临街的桌子坐定。我凭窗外望，看到对街摊子上卖羊头肉的，于是过去买了几个烧饼，并称了一斤羊头肉。

羊头肉也是地道的北京小食，雪印轩主《燕都小食品杂咏》云："十月燕京冷朔风，羊头上市味无穷。盐花洒得如

3

雪飞，薄薄切成如纸同。"诗后有自注："冬季有售羊头者，白水煮羊头，切成极薄片，洒以盐花，味颇适口。"羊头肉原先由小贩背着腰圆的木箱，沿着胡同叫卖，在午后朔风里一声低沉的"羊头肉噢——"就引出四合院内孩子们来，至今还是许多老北京所怀念的。羊头肉不膻，肉味很厚，的确美味。可以酌酒也可空口闲食。后来我在新东安市场地下的月盛斋买一包羊头肉，到六楼可以吸烟的咖啡座歇脚，喝着黑咖啡就羊头肉吃，别有一番风味。

月盛斋是乾隆三十年创设的老字号。先是回民马瑞庆在前门外荷包巷设的酱羊肉摊子。后来在前门内公安街开了铺子，店名月盛斋，取"日兴月盛"之意。月盛斋精选西口羊，用羊脖肉、前槽、后腿与腰窝子肉，加大料、肉桂、丁香、盐、花生油熟制而成，特别注重火候的掌握，先急火大煮，然后改文火煨焖，制出的酱羊肉，肥而不腻，瘦而不柴。据说酱羊肉的肉汤是百年老汤。不仅北京人嗜食，也曾味倾公卿，作过慈禧的御食。月盛斋的羊头肉，是制酱羊肉的副产品，柜上论斤称。我离开北京之时，买了不少月盛斋真空包装的酱羊肉，带回台北来。

待我买了烧饼与羊头肉转身要走时，发现案上有成包的焦圈出售。于是问掌柜的有豆汁否，他答："有。"我要他热两碗，连焦圈与咸菜送过来。他满脸堆笑，答："行！"不一会热腾腾的豆汁端了过来。我独自喝了一碗，怕朋友喝不惯，三个人分一碗尝尝。我捧着豆汁碗，对着这种色呈暗灰的豆汁，就着焦圈和咸菜，凑着碗沿啜喝起来。豆汁入口有些酸苦，这的确是一个美好新奇的饮食经验，很快就习惯了，一口气将豆汁喝完。待我喝毕豆汁，点的菜已经上桌，有扒口条、红烧牛尾、清煨羊肉，还有爆肚一盘。爆肚趁热吃，烫嫩爽脆，口条滑润，牛尾烂软，羊肉汤清味鲜，虽然后来我还吃过其他的牛羊肉，但都不如这个无名的小店鲜美。当晚饮京酒一瓶，面对此情此景已微醺了。

豆汁、爆肚、羊头肉都是北京民间的吃食，没想到初到北京都吃到了。而且是在这样冷风吹紧的晚上，又在这条充满往日情怀的旧街上。使我感到这么接近北京，这么接近北京人民。这些善良朴实的北京人，虽历经劫难，仍然坚持着在这里生存下来。就像我离去时，在街灯下，看到一位满头白发的老大娘，静静地守着她那半筐还未售出的饽饽一样。他们才是真正的北京人，真正的中国人，虽然微不足道，却是几千年文化孕育而成的，自有其尊严！

二、胡同深处

不仅豆汁、爆肚、羊头肉是北京人民的吃食，胡同深处还隐藏着许多北京人日常的吃食。后来每天晨起我到胡同里遛弯儿时，品尝了不少。

胡同是北京人住的地方。这种起于元代的巷弄，北京人称为胡同。北京的胡同纵横交错如蛛网，常言道：北京大胡同三千六，小胡同赛牛毛。所以胡同不仅是北京城的脉络，也是北京人生活的历史痕迹，北京的胡同与北京人的日常生活是息息相关的。北京人住在胡同里，胡同里小贩的吆喝声是胡同居民生活的讯息。这些早晚不同、四季各异的吆喝，都和北京的吃食相关。春天："哎嗨，蛤蟆骨朵儿，大田螺咧。"夏天："杏儿咧，不酸的咧，酸了管换咧。"秋天："哎嗨，冰糖葫芦咧。"冬天："萝卜赛梨哎，辣了包换。"一天到晚有不同的吃食吆喝声，由远而近，由近而远地飘荡在胡同里。早晨："热的咧，大油炸鬼，芝麻酱的烧饼。""老豆腐，开锅！"上午："栗子味的白薯。""哎，小枣儿混糖儿的豌豆黄咧。"下午："酸甜咧，豆汁噢。""臭豆腐噢，酱豆腐噢，王致和的——臭豆腐啊。"晚上："金桂儿哎，青果哎，开口味哎。"夜半："硬面，饽饽哎。""馄饨喂，开锅啊。"……这些地道北京的小吃，随着小贩的吆喝，在胡同里流动着。如今流动的小贩不在了，那些北京人熟悉亲切的吆喝也没了，胡同就显得沉寂了。

胡同是北京城的主要筑构，北京如果缺了胡同，剩下的只是个没肉的空架子。但胡同却是由四合院组合而成的，大大小小的四合院，比邻排列连接起来。因为通风或采光的关系，一排四合院与另一排四合院之间需要个间隔，而形成了北京的胡同。胡同形成后，又成为住在四合院里的人，出门与回家的通道。过去的四合院不论大小，一式灰色屋瓦、灰色高墙，有些伸出墙外老树的丫枝，春天一树新绿，夏天满巷浓阴，秋天满地黄叶，冬天枯枝里透着数点寒星，还有夏日午后的蝉咏，冬日黄昏绕着枯枝的鸦噪，在小贩吆喝声间歇里，不知是谁家高墙内，又传奏出低沉的三弦声，将胡同点缀得更诗情画意了。

现在四合院成了大杂院，甚至有些四合院给扒了，起了高楼。高楼的窗子像许多窥视的眼睛，冷漠地探索四合院居住的人家，胡同也变得苍老而寞落了。不过现在的胡同还是可以溜达。因为胡同深处都隐藏着一个菜市，许多过去在胡同里吆喝叫卖的小吃，又无声地集中到这里来了。

这次我在北京的宿处，坐落在王府井大街，人民剧院对面的宾馆。东西有两条著名的胡同，一是慈禧少年时住过，后来袁世凯任内阁总理大臣时住的锡拉胡同；一是当年黎元洪任总统时，胡适离开北京前住的东厂胡同。我黎明即起，出得宾馆，一股寒冽清新的空气，扑面而来，昨夜的宿醉完全清醒了。于是沿着王府井大街的行人道，踩着道上被寒风吹落的枯黄圆小的榆树叶子走着，这时的北京还沉睡未醒，路上往来的车辆稀少，只有清道夫清扫着道旁的落叶。然后，转入胡同，胡同里更是寂静，偶尔有赶着上工的自行车缓缓驰过，骑在车上的人仍未清醒，一手扶车把，一手抓着早点往嘴里塞。还有几对老夫妇拎着大白菜，沿着四合院的墙根，缓缓向我走来，我朝他们来的方向走过去，那里肯定是菜市了。

我在大陆行走，每到一处，都欢喜逛菜市，从早期的公营农贸市场到后来的自由市场都逛。逛菜市不仅可以了解当地人民实际的生活情况，而且在菜市旁边还有当地的道地小吃可吃。转过几条胡同，果然就是菜市。我去的时候菜市还没有开市，各个摊子都忙着整理果蔬鱼肉。现在人民的日子比较富裕了，我凑近肉摊子看看，案上的猪肉堆得很高，而且猪肉的膘很薄，如今大家都不兴吃肥的了。然后又转到鲜鱼市，虾蟹海鱼甚全，一辆汽车正将活蹦鲤鱼向池子里倒，京葱、大白菜、西红柿成堆摆放。我在菜市里来回逛着，好在我的衣着和讲话的口音，和胡同居民相近，他们并不把我当外人，又顶着一头白发，认为我是个退休或离休老人。最后我在菜市头上的早点小吃摊子停下来。小吃摊子都集在一起，有炒肝、杂碎、豆腐脑、江米粥、馄饨、炸糕、包子、炸油饼、油炸鬼、饦饦馍夹酱肉，还有四川的肥肠面，种类不少，而且现在也不必排队要粮票，随到随坐，随坐随吃，非常方便，我都先后一一品尝了。

不过我欢喜吃的还是炒肝。所谓"稠浓汁里煮肥肠，交易公平论块尝。谚语流传猪八戒，一声过市炒肝香"。炒肝主要的材料是猪肠和猪肝，以大蒜、黄酱、大料、高汤、淀粉勾芡而成。但名为炒肝却不是炒肝，而且肝少肠多，实际上是烩肥肠。临吃撒上生蒜末，味道极佳，吃炒肝配包子，是北京人最普通的早点。其次就是馄饨了，北京的馄饨，原来分清汤和浓汤两种，清汤的是南方来的。不过现在的馄饨都是清汤的，我曾在"馄饨侯"吃过一碗馄饨，配黄桥烧饼与小笼包。黄桥烧饼与小笼包都来自沪上。

出了胡同就是大街，现在街上的市面繁荣了，胡同生活却变得萧条了。胡同居民的生活空间，被改革的浪涛冲刷着，退缩到胡同的深处，像座浪涛里的孤岛。胡同的居民在孤岛上无奈地生活着，这些隐藏在胡同深处的菜市，就是他们坚持的最后生活据点。即使胡同翻建，变成了小区（公寓住宅），传统的菜市还是他们生活聚集的地方。这里还保有没有被现代文明吞没的传统小吃。

后来，我又去了天津，并在天津住了一个晚上。住的旅馆附近是个小区，早晨我到小区散步，最后也找到了菜市。吃到天津独有的小吃嘎巴菜，俗称锅巴菜，创制迄今，已三百多年了。早年一些山东人到天津谋生，生活贫苦，就将绿豆煎饼切成柳叶形状，挑着担子沿街叫卖，吃时将卤汁倾于煎饼上，天津人称绿豆煎饼为"嘎巴"，故名。嘎巴加卤后尚清脆有咬劲，口感极佳。临行，又带了一个馃子，俗称果子，即煎饼摊蛋裹油条。这味小吃在北京也有，不过我在这里买的果子，却裹刚出锅的热油条，别有风味。这次到天津当然吃了狗不理的包子，现在的狗不理改进成多种不同的调馅。不过，还是猪肉馅的好吃。天津还有两种吃食，一是贴饽饽熬小鱼，遍街小吃摊上都有，只是没有吃到炸蚂蚱（蝗虫），现在秋天的蚂蚱正满子。不过，后来在密云县的一家馆子里吃到了炸蚂蚱。在那里还吃到驴板肠，俗话说天上的龙肉，地上的驴肉。在天津就吃了曹记的酱驴肉，回来时还带了几包陕西来的腊驴肉，真香。

三、向阳屯饭庄

出了胡同就是王府井大街，又是另一个繁华世界。和八年前我初见的王府井完全不同，路面拓宽了，灯市口大街和金鱼胡同也加宽，旧的东安市场拆了，代之而起的是几座香港商人兴建的新东安市场。街口有家很大的麦当劳速食店，街里还有家卖肯德基的，这种速食店在密云县和天津附近的杨柳青镇上也有，而且都挤了不少人。在可口可乐进军中国以后，这种美国速食也跟着来了，花花绿绿的商标彩旗，压倒了革命的红旗。

是的，"兴无灭资"两条路线斗争的时代已逝，革命的年代似已经远去了。但革命与现代之间，仍然存在着一个难以跨越的断层。所以，在这里享受现代生活的人，夜半梦回之际，心里仍然存在着难以释开的革命情结。所以，在现代资本化的王府井大街，鞋店的玻璃柜里，还陈列着毛主席、周总理、刘少奇、杨尚昆穿的鞋子，帽店里也展览着他们戴的帽子，照相馆也悬挂着他们巨幅的照片，也许是对革命的一种怀念。

不过，对革命怀念最实际的，就是吃了。于是，专售毛泽东吃食的餐馆如韶园、毛家园、韶山就应运而生了。韶园有几家分店，我曾在其中一家吃晚饭。店里装潢很典雅，楼上的房间更清静。壁上挂着一幅毛泽东视察秋收的照片，还有许多毛泽东革命诗词画。我们在画下吃着毛泽东嗜食的红烧肉、干辣椒与萝卜干炒腊肉，还有武昌鱼，喝着老窖。酒酣耳热，谈笑喧哗。再也没人想到毛泽东的"山下山下，风展红旗如画"了。

其实毛泽东实在不懂得吃，而且吃来吃去，就是那几味他家乡的俚味，但他的家乡俚味并不一定适合别人口味。关于这一点，他却非常固执与坚持。对于吃，周恩来比毛泽东细致与圆融多了。这次我去北京，主要是为拜谒一位我敬慕的前辈先生。老先生宴我于"国宴无名居"。无名居是周恩来的厨子出来开的。菜是周恩来的家乡淮扬风味。老先生知我嘴馋好吃，要我点菜。于是，我点了肴肉、大汤干丝、鳝段、水晶虾仁、清汤狮子头、荷包鲫鱼、鱼米之乡、梅干菜包子、蟹粉蒸饺。

这些菜都是标准的淮扬菜，干丝刀工非常精细，清汤狮子头每人一份，汤清肉嫩。难得的是鱼米之乡与荷包鲫鱼，是别处很难吃到的。鱼米之乡即松仁鱼米，是扬州名厨莫有根于40年代初至上海时所创。用新鲜鳜鱼去皮骨切丁，与松仁爆炒而成，此味久已不传，不意在此相遇。荷包鲫鱼原为徽菜，由徽州盐商传到扬州，用掌大鲫鱼酿肉制成。曹雪芹做给他好友敦诚吃"老蚌怀珠"，即源于此。不过曹雪芹所制去头尾，鱼腹酿鲜鸡头肉，鸡头肉即新鲜的茨实。茨实原产于江南。不过，过去北京什刹海筒子河、西郊海淀种植

11

老鸡头,老鸡头去皮壳就是晶莹的鸡头肉,曹雪芹就地取材,烹出一味是鱼不像鱼的佳肴来。

除此之外,又点了炒鸡毛菜与韭菜炒螺蛳肉。韭菜炒螺蛳肉是林彪的家乡菜,没有想到竟出现在周恩来的食单之中。由此或可见周恩来对于吃,一如其治事是兼容并蓄、圆融变通的。林彪是九头鸟,俗说"天上的九头鸟,地上的湖北佬",难缠。不过,我在海淀竟发现一家名"九头鸟"的餐厅,欣然试之,点了藕炖排骨汤、蓑衣丸子、葵花鱼膏、臭干炒回锅肉,都是非常道地的湖北口味。后来,又要了一客臭豆腐,色黑、外脆内软,甚臭。不知毛泽东在长沙火宫殿吃的是否这种?若是,那又费思量了。

这次来北京,还想看看西山的红叶。都说西山人挤,不如去密云水库。但晚了一步,已是落叶满地,余下的枯枝空向西风。后来又去了西山八大处,也没有看到红叶,爬到第四处是大悲寺,当时游人不多,大殿满阶都是枯黄的银杏叶。对着满阶的银杏叶,突然想起老舍的一篇小说来,写两个自幼年分别的朋友,一个来此逛庙,一个在寺外呆坐着讨钱,两人在寺外不期而遇,人生的际遇真难意料。于是,游兴索然,取道下山,驰车直奔向阳屯而去。

向阳屯是家餐厅,坐落在公路旁。单看餐厅的名字,就非常革命了。这是大家日子过好以后,不由想起那个十年下乡插队的苦日子,于是北京出现好些这类忆苦思甜的餐厅,怀念当年吃的粝食粗饭。向阳屯是个大四合院的农村房舍,门前的牌楼挂着一串红灯笼。店里的外墙油漆得大红大绿，走廊上穿梭来往的服务小姑娘，都穿着水红底大蓝花的短夹袄，全是村姑打扮，但还不俗气。我举目四望，竟没有看到一张革命的标语。

客人来吃饭，是分房入座的，进门就上炕。炕上铺的红花的褥子，客人倚着红花的大靠垫，盘腿而坐。炕上有张大炕桌，桌上摆的大黑陶碗，是喝酒用的，还有粗陶的盘碟。壁上没有毛主席的像，贴的是剪纸窗花，典型的北方农村风味。不一会菜上来了，有凉拌苦苦菜（一种地里的野菜）、拌柳叶芽、拌萝卜芽，还有一碟王致和的臭豆腐。王致和的臭豆腐有三百多年的历史了，臭香。热菜有白菜豆腐熬猪肉、炖鸡砂锅，还有白菜夹，用酸白菜帮夹酸白菜蘸面炸成。主食是野菜饽饽和玉米面的窝头，喝酒用黑陶碗盛二锅头，颇为粗犷。

革命真的远去了，变成一个符号沉淀到历史里去了吗？这是我无法了解的。临走的当天上午，我终于去了新东安市场，虽然这些天都在这座大厦前过来过去，但却没有进去看看，为的是大厦门前竖立的三组塑像，一组是剃头挖耳朵的，一组是弹三弦卖唱的小姑娘，一组是拉着车的祥子。这些在旧社会里卑微可怜的小人物，不是在新社会里早已翻身了吗？怎么还杵在那里。我从嘈杂的人群里挤了进去，又挤了出来，坐在人行道上的长凳上，阳光从大厦的屋脊滑下来，刷亮半条大街。花坛里红的黄的郁金香，被照得鲜艳夺目，我走过去摸摸，那些花竟是塑料的。我又回到原来坐的地方，阳光照得身上暖暖的，于是将刚刚在大厦里买的那块切糕取出来，吃了。切糕就是江米小枣，甜甜糯糯的。一阵风吹来，稍有寒意。

去来德兴馆

十多年没有到上海，去年两度江南，去来四过上海，上海真的变了。

刚到的那天晚上，朋友宴于钻石楼。钻石楼是家广东馆子，菜肴有豉汁蒸扇贝、菠萝咕噜肉、春笋豆瓣、三鲜烩海参、明炉甲鱼汤。似粤菜而非粤菜，已没有广东味道了，是一席海派粤菜。现在上海兴的是海派菜，甚至新潮的超海派菜，所谓超海派菜，不知是什么菜，断流截绪，不知来自何处何典，全凭一己之念，凭空设想烹制出来的，烹者洋洋自得，食者趋之若鹜。所谓美食家吃了人家的嘴软，频频赞好，却有相同的特点，就是价钱并不便宜，这种新潮超海派菜不仅上海，台北也是这种菜当道。

一、上海本帮菜与弄堂

钻石楼在外滩高楼之上，视野甚佳，透过房间的大玻璃窗，可以越过黑暗的黄浦江，眺望浦东的灯火。浦东灯火灿然，在一丛灿烂的灯火簇拥中，东方明珠电视塔像一个发光的火柱，耸立在繁星点点的夜空，有些孤独单调，真有点像《上海宝贝》描绘的那样。

我们吃饭的房间是个边间，屋外有个露台，可以观览外滩的景色。我十多年前到上海，住在附近的和平饭店，晚上就近在外滩漫步，人车挤拥嘈杂，灯光惨淡而昏黄，不由想起当年周璇唱的"夜上海"来了。现在完全不同了，外滩的灯火如画，各种不同的聚光灯，刷亮了穆穆立在那里百年的海关大楼、汇丰银行大厦、亚细亚大楼和一些洋行的巨厦，这些古旧的巨厦默默地排列在那里，经历了百年的风雨，也看惯了世变沧桑。现在却被装扮起来，粉刷一新。透过灯光的照射，仿佛像一个风华已逝的半老徐娘，脸上突然涂抹了一层厚厚的脂粉，使人看了有些悲凉。在许多不同灯光聚集的外滩，还有些商业市招的霓虹灯，突然发现一个绿边红字的霓虹灯，竟然是百年本帮老店德兴馆，心中不由一喜。

德兴馆，正是我到上海要寻觅的老馆子。不论在台北或在大陆行走，想探访的就是这类的馆子或饭店，看起来虽不起眼，却有浓厚的人情味，而且更接近当地人民的生活，真正了解他吃些什么。因为吃最能反映一个社会的实际生活。这种实际的社会生活才是真的，才是美的。所以，看到德兴馆闪烁的店招，不由喜上心头。因为上海本帮菜有老正兴、老饭店，但德兴馆却少为人知。德兴馆是上海本帮菜的一块老招牌，创于清光绪四年，距今已有一百多年的历史了。德兴馆最初开在十六铺洋行街附近（现阳朔路），是一家弄堂式的菜馆。当时十六铺近码头，南来北往的船只在这里停靠，有很多的洋行与商行。原来经营饭摊的方某，转来此处开店，取名德兴馆。供应简单菜色，有黄豆汤、肉丝豆腐羹、咸肉百叶等，都是上海平常人家的家常小菜，价廉物美、经济实惠。

上海的本帮菜是和上海流行的外帮菜相对的称谓。本帮多由饭摊转变而来。上海开埠前，这些饭摊多分散在市郊，供乡里人进城贩卖就食歇脚之所。上海开埠后弄堂兴起，成为上海人安居之处。这些原在市郊的饭摊向弄堂转移，最后形成现在南京东路与九江路之间，大庆里（已拆除）的饭店弄堂。弄堂内饭店比邻而设，由饭摊转变来的本帮菜馆正兴馆，即后来的老正兴就在这个弄堂里厢。正兴馆创于同治元年，原来是宁波人祝正本和蔡仁兴合营的小饭摊，其菜肴有咸肉百叶、炒肉豆腐、炒鱼粉皮、肠汤线粉等大众食品，开张以后生意兴隆，于是就在原地开起饭店来，并取二人名字中的一个字为店名，是为正兴馆。由于正兴馆的生意兴隆，许多本帮饭摊都向这个弄堂辐辏，于是上海本帮菜的饭店弄堂逐渐形成了。

过去上海饮食业所谓的饭店，指的是中小型的本帮菜馆。这些本帮饭店的资本，无法与挟巨资经营的外帮菜店相提并论。因为本帮饭店的前身是饭摊，饭摊主人起早摸黑，赚的都是辛苦钱，积蓄起来租间面街的门面，由饭摊升格开起饭店来。这些本帮小饭店仍继续过去饭摊的经营传统，顾客都是劳动阶层，消费低廉。本帮饭店局促在弄堂之中，设备简陋，且不甚卫生，规模较大的也有楼座，一式将柜台置于门首，烹妥的菜肴摆在柜台上，任顾客挑选。据吴承联《旧上海茶馆酒楼》记载，当时弄堂饭店的菜色有卤肉、白斩鸡、拌芹菜、金花菜（草头）、炒腰子、拆炖、炒虾腰、炒三鲜、下巴、秃肺、红烧菜心、青鱼头尾、虎瓜汤、咸菜黄鱼、肉丝黄豆汤、清血汤、咸肉百叶、草鱼粉皮、八宝辣酱等等，都是平民化的家常菜，菜肴虽不考究，但价钱实惠且有人情味。菜肴浓油赤酱，非常适合上海人的口味。浓油赤酱是油重酱色厚，是上海本地菜，也是本帮菜的特色，或谓上海本帮菜清淡，说的是外行话。上海本帮菜出于弄堂，后来随着弄堂的兴建与发展，分散在各个不同的弄堂之中，和上海人民的生活结合在一起了。

不过，现在这种弄堂式的饭店，由于弄堂拆除与改建，在上海已少见，代而兴起的是上海人民居住的新建小区里，出现的个体户经营的饭店，还有弄堂饭店的余韵。这些饭店有盒菜出售，一个电话就可送到府上，是目前上海饮食文化转变的新趋向。但这种弄堂式的饭店，早年大批上海人渡海来台，在台北流行过一阵子，中华商场没有兴建时，在中华路路旁违建户里就有很多家，其中经营时间最长的是开开看。在中华商场临拆的前夜，我还去开开看吃了顿晚饭，吃的是雪菜小黄鱼砂锅、炸虾和咸冬瓜。不过，开开看的咸冬瓜不如当年永康街上海小饭店的臭冬瓜够味。上海小饭店在秀兰小馆的对面，除了臭冬瓜，红焖脚爪与咸肉豆腐汤都非常有上海味道。可惜因为生意过好，房东眼红，收回房子而歇业。

其实秀兰小馆最初也是弄堂饭店形式，经营方式和香港铜锣湾的家乡饭店相似。家乡饭店是几位苏州太太经营的，掌灶洗碗都是妇人，其豆瓣酥、红烧蛋饺、红烧黄鱼与油豆腐鸡都很地道。家乡饭店距卜少夫先生家很近，少老常在此招饮宾朋，我常得敬陪末座。少老是江湖奇人，潇洒过了一生，他最懂得吃上海菜。如今他已大去，真正懂得吃上海菜的人不多了，实令人怀念。只是后来秀兰生意兴盛，麻雀变凤凰，丫鬟成了小姐，架子大了，价钱也贵了。

现在在台北真正属于上海弄堂饭店的只有隆记、赵大有（听说赵大有也歇业了），还有卢记上海菜饭店。巧的是这三家都开在弄堂里。四十年前，我在延平南路一家书店里工作，就开始在赵大有吃饭，当时灶上、跑堂、老板、顾客都是上海人，他们相依为命几十年，后来传到第二代，就不是那种味道了。我非常怀念他家的暴腌咸黄鱼、黄豆焖猪脚、清烧墨鱼卵，还有肉丝豆腐羹加卤，偶尔还有盐水虾，那是买到好的河虾时。卢记上海菜饭店是对儿从上海来的夫妇经营，他家的梅菜焖肉和葱烧鲫鱼，菜饭是砂锅现煮的，尚可一吃。

只是台湾的青江菜（上海称小棠菜），久煮不烂，烧不出上海的菜饭味道来。不过，隆记菜饭还不错，隆记开在中山堂对面弄堂里，已经有四五十年的历史了，是现在台北唯一一家上海弄堂老饭店。还是多年不曾装修旧店面，而且留下几个旧时跑堂的老伙计，点菜时我们以沪语谈，备感亲切。我的上海话勿灵光，且有苏腔，仅能用于点菜。入门玻璃柜里永置着烹妥的菜肴，有海蜇头、熏鱼、海瓜子、油焖笋、田螺、糟菜、醉脚爪、发芽豆、雪菜毛豆百叶、炒黄豆芽、烧小排骨、葱烧鲫鱼，还有臭豆腐，都是标准的上海家常口味。我常点几样小菜，另加清炒虾仁和黄豆汤，最后来一碗菜饭，如果兴起更饮陈绍数杯。昨晚又去隆记，座上多是上了年纪的客人，意外发现两个会吃弄堂饭店的本地中年人，他们进得店来并未点菜，一人一碗排骨菜饭，另外一碗咸肉百叶汤，想来他们当是在上海经营生意的台商。像这样懂得吃真正上海菜的人，回流台湾的越来越多。隆记虽然老旧，但却坚持原来的上海口味不变，只是人们喜新厌旧，现在已很少留意这家上海弄堂式的饭店了。

隆记的清炒虾仁用的是河虾，还保持四十年前江浙菜在台北流行时的上海味道，当年酒席上的第一道菜，就是清炒虾仁。我嗜食虾仁，每次到江南都是一路虾仁吃到底，但合口的不多，台北虽然也有用河虾炒虾仁的江浙馆子，但色香味够水准的不多，而且都是自标身价，价钱也不便宜，能吃的只有隆记和复兴南路小沈经营的欣园。欣园开在巷子口，店面不大，有上海弄堂饭店的味道。除了清炒虾仁外，鳝糊肉、咸肉蒸百叶、白卤肚头、葱油芋艿小排，还有腌笃鲜，汤浓肉鲜笋嫩。现在台北会五样菜就可以开馆子，挂江浙菜馆招牌的不少，但能吃到真正上海菜的却不多，永和弄堂里有冯师傅经营的上海小馆可治糟钵头，娶的是上海人，香糟由上海带来，他处所无，其红烧鲳鱼还有点上海口味。

二、弄堂及弄堂文化

上海本帮菜出于弄堂，一般说弄堂就是巷子，不过上海的弄堂却有更丰富的含义。所谓弄堂，秦温毅《上海县竹枝词》"里巷"条下云："东西弄并属唐家，父子中丞世共夸。要晓唐瑜唐继禄，后先相判百年差。"注云："唐家弄，一在鱼行桥，为东弄，一在闸水桥西，为西弄，以唐氏父子得名。"又有"张家弄"："县前街直向西行，有弄因张抚院名。旧宅改为小天竺，北张家弄志分明。"注云："北张家弄，在三牌楼西，以张鹏翼得。鹏翼，字习之，由进士历官贵州巡抚。"更有"一湾三弄"："宣使梅家太守瞿，大南门内有黄俞。一湾三弄今还著，显宦家声便俗称。"注云："县南梅家弄，以梅宣使名，有东北二条。瞿家湾，以瞿太守得名。黄家弄，在大南门内，以黄体仁得名。俞家弄在黄家弄北，以俞文荣得名。"上海人最早称弄，是显赫人家聚居的地方，并不是单纯指一条巷子。后来扩及一般人民聚居之所，一如北京的胡同。

不过，北京的胡同是元明清演变的产物，后来上海所谓的弄堂，则是鸦片战争后，中西文化交汇的结果。上海的弄堂不仅是上海人民安居之所，也是上海本帮菜之所出，更反映近代中西文化接触后演变的实际情况。1842年，《南京条约》签订后，上海成为通商口岸。次年，英国驻上海第一任总领事巴尔，要求清政府将现南京路一带租给英国人居住。两年后更进一步要求将这一带划为英国租界区，自此以后虹口成为美国人租界，老城以北为法租界。《上海县竹枝词》云："出老北门踏破鞋，通商租界英法排。中途桥历三茅阁，三摆渡连长直街。"注云："北门外便属租界区，洋泾浜南均属英租界，泾浜北则属法租界。"自此，上海在不平等条约压迫下，有了华夷分治的租界区，但最初的租界甚少有华人居住。

不过，因太平天国事起与小刀会事件的发生，江南与上海老城区的居民，为了身家安全纷纷逃入租界，租界区华人暴增，英租界的华人居民由五百人增至两万多人，房屋居住发生问题。由于地价暴涨，刺激了租界内的房地产的发展，以英国人史密斯为代表的洋建筑商，为了提高土地的利用，降低建筑的成本，仿照欧洲直排式木板屋建构，供应逃入界的华人居住，形成租界区华洋杂处的环境。不过，这种木板的房屋容易引起火灾，很快就被砖木结构的房屋代替，在英法租界扩展。列强纷纷在上海设立房地产公司，如广业地产公司、哈同洋行、沙逊洋行相继投入这种弄堂式的房屋建筑。吉祥里、衍庆里都是这个时期的建筑。

20 世纪初，西方的钢筋混凝土建筑材料传入中国，很快就出现了一批新建筑形式的弄堂房。20 年代大批留学西方的建筑师回到上海，立即投入弄堂房屋的建筑。于是，弄堂式的房屋迅速发展，成为上海人民主要的居住房舍，到 1949 年为止，这种弄堂式的房子，占上海建筑的 65% 以上，也就是上海居民有 65% 居住在弄堂之中。这种弄堂式的房屋分散在各个不同的租界，出现各种异国情调和色彩，而且随着不同阶层的上海市民的需要，出现几种不同形式的弄堂建筑。不过，石库门弄堂是上海最早的弄堂建筑形式，也是上海最大众化的弄堂房。所谓石库门是用花岗石或宁波的红土砖筑构的门框，门框有半圆形、三角形或长方形的，门楣上有希腊式、罗马式或文艺复兴时的浮雕，也有中国式的飞檐翘角，两扇黑漆大门，门上加有铜吊环，表现了当时弄堂建筑中西交汇的特殊形态。

石库门式的弄堂房子，以每户三开间双层或三层为一个单元，左右并列连成一排，房子内有个小天井，有间客堂，东西是两间厢房，后面是厨房，楼上除了主房外，在楼梯拐角处还有间小房子，称为亭子间，采光差，亭子间上面有个小阳台，供晒衣乘凉用的。不过，亭子间多是由二房东租给单身或人口简单的夫妇居住。二房东是上海弄堂兴起后，三百六十行外的新行业。弄堂就是由这种石库门住宅结合而成，五六百户石库门构成一个当时上海人居住的社区。沿街的石库门的底层都是商店，每一个石库门弄堂设有两三处朝向马路的出入口，总通道称总弄。两排整齐划一相对的石库之间为支弄，与总弄相通。这是上海由传统过渡到现代城市，上海人民居住的社区群。

文学家穆木天的《弄堂》说："弄堂是四四方方的一座城，里面是一排排的房，一层楼的、两层楼的、三层楼的，还有四层楼单边双间或单间的房子，构成好多好多小胡同。可是这座小城的围墙，与封建的城垣不一样，而是一些朝着马路开门的市屋。"这些朝着马路开门的市屋都是商店，与日常生活有关的米铺、油盐或杂货店、酱园是少不了的，小菜场就在弄堂的一个支弄堂里。胡应祥《上海小菜场小史》云："上海租界中，四十年前无固定之小菜场，每晨集合各行贩设摊于今盆汤弄，在路之两旁分类设摊，如今之法租界菜市街者然。"小菜场就是菜市场，清晨叫卖声相杂，家庭主妇挽篮携秤，往来穿梭其间，是上海弄堂生活的一个场景。

弄堂总弄的弄门，是弄堂居民出入必经之地，是弄堂最热闹的所在。入得门来必有家补鞋修伞的摊子，还有个出租连环图画的旧书摊，上海称小孩为小人或小囝，连环画称小人书，摊子旁蹲着一群小人看小人书。当年我家住苏州，在上海八仙桥附近的尚贤里，有幢弄堂房，随父母到上海就住在这，往往是他们出去探访朋友，我就蹲在这里看小人书。

弄堂里老虎灶是不可少的，这种灶以谷糠为燃料，日夜灶火熊熊，贩售滚水供弄堂居民饮用。早晨弄堂居民来这里打开水，黄昏提热水回家洗澡，也是弄堂的一景。有些住在弄堂亭子间的单身汉，往往端着面盆，拎着水瓶到老虎灶来，就地漱洗，然后再打瓶水回去，已够一日饮用了。漱洗完毕，就近在附近摊子上吃早点。

弄堂里的早点种类很多，有油豆腐线粉汤、肠线粉汤、鸡鸭血汤，还有咖喱牛肉汤，这种放少许咖喱粉的牛肉汤，牛肉酥嫩，汤鲜微辛，似乎每一个弄堂都有。后来传到香港，乐宫楼午茶市有售，稍作改良，不入咖喱，改用花腱调治，汤清见底，腱子肉切薄片，红润透亮，其名就叫上海弄堂牛肉汤。还有雪菜肉丝面、粗汤面，配以大饼，大饼以发酵面粉上撒芝麻，焙制而成，现在香港的上海馆子又兴这种大饼，不过厚而小。粢饭、蛋饼卷、萝卜丝油墩子、生煎馒头等等，出门上班的人坐下就吃，吃了就走，家庭主妇买了提回家与家人共享。这时的弄堂渐渐清醒过来，小菜场人声嘈杂，夹杂大人的吆喝、小孩的哭叫、夫妻的争吵声传到屋外的弄堂，弄堂深处馄饨担子的梆子声，和着弄堂背后隐隐传来的刷马桶声，弄堂居民一天忙碌的生活开始了。

弄堂生活的嘈杂和匆忙，就是上海本帮菜馆生存的环境，饭店的顾客除了弄堂附近的劳动阶层，就是弄堂居民了。弄堂居住环境狭窄拥挤，往往是几户共住一幢石库门，轮流共用一个厨房，有时来不及就到弄堂饭店吃饭。弄堂饭店除了已烹妥的菜肴外，有辣酱、排骨、脚爪、四喜菜饭供应，也有炒面两面黄和葱油开洋煨面，与雪菜肉丝年糕，如果家里临时来客，配几样和菜，饭店立即送到府上。弄堂所售的菜饭，都是地道的上海口味。不过偶尔也有外地小吃，作家萧乾初到上海，就住在弄堂亭子间里，他的《怀念上海》说："最令我神往的一个角落，乃是坐落在二马路和三马路之间的一个又黑又脏叫'耳朵眼'的弄堂。在那里可以吃到北平的烧饼、油炸鬼和豆汁。站在那油污的案头，兴致勃勃地嚼着家乡的风味小吃，诚然感到莫大的快慰。"

弄堂不仅是上海居民生活的地方，也是上海都会由传统过渡到现代的桥梁。弄堂居住的房子是西式的，与过去中国传统居住的环境完全不同。北京胡同的四合院，可以四代同堂共居，弄堂的房子只适合小家庭生活，改变了过去传统族居的社会结构。居住在弄堂里的居民是由大家拆出的小单元，完全失去传统家族的庇荫和支援，他们只有单打独斗维持生计，所以弄堂居民学会了精明、能干与发愤图强，这才是真正上海人民的精神，弄堂也设有栈房（旅馆）、洋行仓库、报馆以及堂子（妓院），成为来往客商的交易场所。自来讨论上海的海派文化，只留意十里洋场纸醉金迷的浮面表，完全忽略了弄堂文化对海派文化的贡献。

萧乾说他初到上海，住报馆宿舍，他说："后来，就像当时许多文艺界朋友一样，我也搬到亭子间。那真是单身汉的理想栖所。当时霞飞路的二房，多是罗宋（白俄）人。房租里包括家具。意见不合，随时可以搬走。"上海的弄堂和亭子间是近代知识分子留滞在上海的栖息之所。清末科举制度废除后，斩断了千多年中国知识分子前进的利禄之途，而且，自不平等条约之后，通商口岸出现，都会迅速发展，使城乡之间的差距增大，同时由于帝国主义的通商侵蚀，沿海的农村经济濒临破产，使得中国传统知识分子树高千丈，落叶归根的还乡之途又被阻塞，即使放洋东瀛，也是前途茫茫，因科举形成的社会流动因此淤塞，中国知识分子前进无路，后退无门，使他们漂泊在大都会之中，局促在弄堂的亭子间里，觉得自己怀才不遇，穷愁潦倒，于是他们怨愤、颓废、思想激狂，形成中国近代学术思想与文化转变中的特殊现象。

据徐志摩的日记记载，民国十二年（1923年）十月十一日，胡适为了解释和创造社因翻译而起的争辩，由徐志摩陪同，到民厚里一二一号拜访郭沫若。郭沫若亲自应门，抱着褓褓中的儿子，赤脚，穿着一身学生服，形状非常憔悴。这时成仿吾从楼上走下来，见了胡适相应不理。徐志摩说，宾主间似有冰结，五时半辞出，胡适对徐志摩说："此会甚窘。"最后，徐志摩感慨地说："郭沫若等其情况不甚愉适，且生计亦不裕，无怪其以狂叛自居。"

但当时流落在弄堂中，"情况不甚愉适，且生计亦不裕"的何止沫若等人，他们在"生计不裕"的情况下，幸得价廉物美的弄堂饭店，提供给他们喢饭的地方，才得挨过难关。

三、去来德兴馆

德兴馆、老饭店和老正兴，都是上海本帮菜的老馆子，都兴于弄堂之中。上海老饭店原名荣顺馆，创于清同治年间，开设在城隍庙西侧旧校场内，原来是个饭摊，后来扩大为饭店，最初厨事由张姓店主亲自主理，其所烹制的汤卷、腌川、走油肉、大白蹄等颇受客人的喜爱。经营不满十载，已誉满南市，后来由于历史长久就称其为老饭店了。

十多年前我第一次回上海，逛城隍庙吃了南翔小笼包和葱油开洋面以后，就去老饭店午饭，三个人吃饭，点了虾子大乌参、清炒虾仁、炒刀豆、红烧大桂花鱼、清瓜子虾与莼菜三丝汤。当时是开放之初，因陋就简，这些菜都不见奇，平平而已。不过老饭店善经营，深圳开埠不久，老饭店已在那里开分店，现在香港也有老饭店，我去吃过两次，但价钱却非常惊人，我所谓的价钱惊人，是菜和价钱不相称，一张上海大饼，索价八十港元，而且菜肴远不如开在附近的大上海。大上海的清炒虾仁与砂锅火瞳排翅都非常好。

现在的上海老饭店，在原地起华厦，甚是堂皇，门首立着两个身穿如一女中鼓号乐队制服的女孩，入得门来，见座位都是空着，一位点菜小姐过来，见我们衣着如进城土佬，开口就问订了位没有，我摇摇头，她说都满了。我们只得另觅食处了，我们刚出门准备离去时，一个女领班匆匆走来，向我们说对不起，再请我们回去，我说谢了。因为她眼尖，已经看出来我们不是内宾，是吃得起的。于是，我们又去了绿波廊。我对绿波廊的印象原来就不佳，因为过去在绿波廊吃点心，因伙计就地起价，和菜牌写的价钱完全不同，我曾和那个伙计吵了一架。现在也起了华厦，更因为美国总统和英女王在这里吃过点心，身价自是不同，我们进得店来还没有上座，但没有人闻问，我们又出来了。现在在上海吃东西真的海派了，而且也得佛要金装，人要衣装了。也许这就是现在纸醉金迷的上海，菜的花样翻新，但却非旧时味了。

当然，起于弄堂里的上海本帮菜，也不是一成不变的。上海的本帮菜一如上海的语言。姚公鹤《上海闲话》说："所谓上海白者，大抵宁波、苏州混合之语言，已非通商前之旧矣。"也就是说现在上海的语言是以上海本地语言，与宁波话与苏白混合而成。同样的，上海的本帮菜后来也是吸收了宁波的烹调技巧与苏州无锡的口味而成的。关于宁波菜在上海的流行与发展，已在《海派菜与海派文化》中有所讨论，然其烹调黄鱼的方法为上海人所喜爱，如大汤黄鱼，此味以雪菜、笋片与新鲜的黄鱼川汤，不放油，味极清鲜。因为过去上海每年三四月间为黄鱼季，《上海县竹枝词》云："楝子花开石首来，花占槐豆盛迎梅。火鲜候过冰鲜到，洋面成群响若雷。"石首即黄鱼，注："石首鱼，首中有二石如白玉，四月间，自洋群至，绵延数里者，声如雷。"一市人民皆烹调黄鱼，大汤黄鱼普遍被沪上市民接受。如面拖黄鱼、米苋黄鱼羹、苔菜拖黄鱼，皆自甬菜蜕变而来，其他如清炒鳝糊、炒鳝背、冰糖甲鱼，也和宁波菜有关。

苏州菜包括无锡菜在内，因为地近上海，口味与上海接近，很容易被上海人接受，虽然苏州菜的特征在于浓香之味，与上海浓油赤酱相近，不过，苏州菜偏甜，上海本帮菜将苏州菜的过甜改为微甜，更适合上海人的口味。上海的苏锡菜馆创始于清同治年间，由于前述苏锡口味与上海本帮菜相近，因此苏锡菜馆在上海发展很快。东南鸿庆楼、大加利、大鸿运，誉满沪上。现在只有大鸿运一枝独秀了。大鸿运酒楼开设于 20 年代，原址在湖北路上，两开间的门面，面积不大，只能席开二十桌。30 年代苏锡菜盛行，大鸿运原址已无法满足顾客需求，其董事朱阿福在福州路租地建屋，成为十二开间两层楼的大型菜馆，也就是现在经过翻修扩建的大鸿运所在。不过，现在的大鸿运虽保持姑苏口味，但为了适应潮流，制作出若干海派的苏州菜，如兰花鸽蛋，以鲟鱼烹制成的黄焖着甲，以鲟鱼骨制成细卤明骨，以裙边与火腿炖焖成的火烧赤壁，这些菜都是传统苏州菜中所无的。我去年春天在苏州与分别半个世纪的朋友相会，前后两次宴于苏州的大鸿运，其糟卤肚头、腐乳肉与熘虾仁甚佳，倒是以苏州与无锡船菜为号召的五味斋菜社与荣华楼菜馆的松鼠黄鱼、南乳汁肉、锅巴虾仁（原名平地一声雷，到上海改为春雷惊龙）、瓜姜鱼丝等，还保持苏菜味浓而不腻、淡而不薄的特色，这些特色后来也融于上海本帮菜之中了。

上海本帮菜吸取宁波与苏锡菜的风味之后，渐渐形成自己的风格，于是超越弄堂饭店的色彩，更上层楼，已经出得厅堂，上得台面了。不过，经过这十几年上海的经济开发与转变，上海本帮菜也陷入转变的旋涡中，难以自拔，再去上海老饭店或老正兴，已不是上海本帮菜价廉物美、经济实惠的特色了，而且去吃的也不是一般平常百姓家。因为订一个房间最低的消费，就要两千人民币，菜色花哨，华而不实，已不是上海本帮菜，现在如果要吃上海本帮菜只有去德兴馆。

那晚在外滩观灯，偶然发现德兴馆。第二天已经买妥下午两点半的火车票去苏州，算定时间，约朋友12点整，在德兴馆吃饭，吃罢饭拎着行李到车站赶火车。我们11：30就到德兴馆，门前摆的是卤菜摊子，挂着白切鸡、酱鸭，案子上摆的是酱肘、脚爪和其他卤的肝肠猪心和口条等等。都是刚出锅的，红郁郁的颇为诱人，站在门口朝内望，楼下是小吃部，卖的是面类与小笼包，食客拥挤，各个桌子坐满人，人声嘈杂，我心中又是一喜。因为这里才真正是人民吃的地方，还留有弄堂饭店的余韵。

待我们走上楼梯时，看到立着个大牌子，上面写着：60年代"党和国家领导人"相继在这里吃过饭。后来坐定后，再看店里的介绍广告，先后在这里吃过饭的有邓小平、宋庆龄、陈云、李富春、罗瑞卿等，当时陈毅是上海市市长，他请邓小平到德兴馆品尝上海本帮菜，吃了虾子大乌参、青鱼秃肺、油爆虾、竹笋腌鲜等，觉得味道鲜美，后来又多添了一锅竹笋腌鲜，临走，邓小平还对饭店的负责人说："你们店里的设备条件虽然比别人差，但制作的菜肴确实很好。"的确事隔四十年，德兴馆设备条件还是一样差，上楼的楼梯灯光暗淡，红色的地毯也变了颜色，二楼是散座，我们找了个靠边的大台面，坐定举目四望，楼面没有任何装饰，窗帘也陈旧了。或许正因为设备条件差，外人来的不多，才为上海本帮菜保留了最后的原汁原味。服务的小姑娘衣着朴素，但待客亲切。

散座的客人都是衣着随便的上海人，他们浅酌，他们谈笑，悠然自在，无拘无束，菜还没有点，我就欢喜上这个地方了。上馆子吃饭，图的就是个自在，衣冠楚楚吃喝起来也不方便，再说旁边还站着一个人照顾着你，生怕失了仪态似的，菜端上来，还没有看到什么样子，就撤下去分菜了，美其名中菜西吃，讲究卫生。分的菜又不一定是你喜欢吃的部分，待你举箸欲尝时，新菜又上来了，上菜速度如夜间急行军，了无趣味可言。德兴馆虽然也嘈杂，但与窗外的市声相比，安静多了，尤其在行旅之间，有这么个地方坐坐吃吃，也可以舒解一下。这个地方好在其残旧，但却不颓废。而且又可以吃到真正上海的本帮菜，真是一种客中的享受。

所以，去年春秋两次江南之行，去来四次经过上海，或宴请朋友，或与几位同行的伙伴小酌，都在德兴馆。归来翻阅剪贴簿——我出门旅游有个习惯，不论是别人请客，或自己吃饭，都要一份菜单留存起来，备以后翻阅——来去上海五次饭于德兴馆，除了菜前的小碟外，计点了油爆虾、白切肉、白斩鸡、清熘虾仁、红烧鮰鱼、草头圈子、炒蟹黄油、虾子大乌参、秃肺、下巴划水、肉丝黄豆汤、扣三丝、走油拆墩、鸡骨酱、葱油芋艿、糟钵头、冰糖甲鱼、笋腌鲜等等。这些菜都是地道的上海本帮菜，不失浓油赤酱的本色，而且有几样菜还有季节性，如红烧鮰鱼，鮰鱼是上海地方的特产之一，嘴有两根长须，俗称鮰老鼠，每年3月至5月间，洄游于长江和吴淞江以及崇明岛附近，鮰鱼非常有季节性，春夏间最肥美而肉紧，鱼皮有弹性且胶质甚厚，红烧鮰鱼色泽红润油光，鱼块裹着一层薄而匀的卤汁，而汤汁不用勾芡，因为鱼本身胶质已有黏稠性，即所谓自来芡，鱼却表皮肥糯滋润，肉质软嫩无刺，酱味鲜咸之中略有甜味，是上海本帮菜浓油赤酱的传统本色。至于炒蟹黄油，上海近阳澄湖，过去一般饭店，深秋季节都有清水大闸蟹出售，将煮熟的大闸蟹拆成蟹粉，可制炒蟹粉、炒虾蟹，皆脍炙人口。30年代末，取其蟹黄与蟹油经热油滚炒，加调味后制成炒蟹黄油，是蟹制菜肴中最精华名贵的一种。我春天到上海即点此味，当时非蟹季，用的是冰冻雪藏货，味不鲜而略腥且咸，于是要了碗阳春干面，拌而食之。后来重阳时节再去上海，正是菊黄蟹肥时，更点此味，则蟹黄香糯，蟹油肥而不腻，色泽红白分明，滑腻鲜美，然后又将吃剩的蟹黄油与嫩豆腐回烧，而成另一美味。

笋腌鲜，即腌笃鲜。笃，江南语"文火慢煨"之意。以鲜肋条、咸腿肉与冬笋或春笋煨笃而成。现在江浙菜馆皆有此味出售，却不了解其笃之意为何。此菜先用文火慢笃，待各种材料的味道相互渗透，再改用武火，在文武火调配下，汤汁浓白，肉质酥肥，味鲜醇厚。腌鲜多认为以冬笋为佳，其实这是江南家常菜的一种，每年二三月是春笋最好的季节，以春笋治腌鲜是清明时节前后的佳肴。我到上海正是清明前几天，正是吃笋腌鲜的时候，我在点笋腌鲜的时候，写菜的小姑娘说现正是油爆虾的时候，而且油爆虾是他们的招牌菜，于是又点了油爆虾。

《上海县竹枝词》云："红了樱桃黄到梅，河虾大泛趁潮来。子爬满腹鲜充馔，一粒珠红脑熟才。"注曰："虾在樱桃熟出者，为樱桃虾。煮熟后脑有一珠，红透壳外，如赤豆大，俗呼虾珠。夏至前后，腹各抱子，爬取入馔，鲜逾常品。故虽四时常有，尤以时虾为贵。"虽然上海四时有虾，但清明至芒种之间，河虾特硕壮肥美，为食虾季节，烹油爆虾最合宜。烹调油爆虾，以虾之优下，油爆时间的拿捏最为重要。所谓油爆是在武火热油锅中短时间的爆炒，其成败则在火候的拿捏。油爆过于匆促，火候欠佳，则虾仁不熟，皮壳不脆；爆得过火，皮绽肉枯。德兴馆的油爆虾只只晶莹，皮脆肉软，吃在嘴里甜香久久不去，现在正是虾肥时节，又点一味清熘虾仁。惜此时虾子尚未成熟，不然，以虾仁、虾脑、虾子烹治三虾豆腐，定是妙品。

德兴馆原有生煸草头一味，草头又名金花菜，原为田圃

34

的绿肥或饲料，春天所出者为佳，其幼苗炒起来味甚鲜美，为农家的家常小菜，后来本帮菜馆选新鲜草头，取其最前端的三片嫩叶，以强火入油煸炒，是为生煸草头，此味为上海本帮菜馆独有，以草头为垫底的草头圈子，是一味佳肴。红烧圈子一味原出于上海本帮菜老正兴前身的正兴馆，正兴馆原有肠汤线粉出售，后经改煮为炒，而有炒直肠，以其名不雅，后更改为炒圈子或红烧圈子，因为直肠煮熟后切片状似圈子故。20年代出版的《老上海》载："饭店之佳者，首推二马路坟山对面，弄堂饭店正兴馆，价廉物美，炒圈子一味尤为著名。"红烧圈子是上海本帮菜馆的名肴，德兴馆的红烧圈子，色似象牙，软如面筋，酥烂软糯，汁厚芳醇而无腥臭，缀以碧绿油润、软柔鲜嫩的草头，可减其肥腻，实在美妙。我去来德兴馆数次，每次都点这道菜。

当然，到了德兴馆不能不吃虾子大乌参。虾子大乌参是20年代末，由掌厨杨和生和蔡福生所创制。当时德兴馆还在十六铺的洋行街附近，洋行街有许多商行经营南北土产、山珍海味，但上海人喜吃河鲜，不喜干货海产，海参滞销。商行老板欲打开海参销路，故由商行提供原料德兴馆试制，于是杨和生和蔡福生将海参水发后，加笋片和鲜汤调味制成红烧海参出售，但鲜味不足，而以鲜味特浓的虾子为辅料提味，而成为德兴馆的虾子大乌参。虾子大乌参的烹制过程非常繁复，时间且长，用的大乌参，香港俗称猪婆参，发涨后尺余，而且制成的虾子大乌参一整只躺在盘中，色泽乌光透亮，汁浓味鲜而香醇，软糯酥烂，筷子夹不起，只能以汤匙取食。上次我去香港还带了两斤回来，置于柜中待用。治虾子大乌参是不能用辽宁刺参烹治，那种刺参只合做山东的葱烧海参，此间厨师以刺参烹虾子大乌参，就蒙事了。

糟钵头是独一无二的上海名馔，也是德兴馆的招牌名馔。其实原来是上海郊区农家宰猪过年，将猪下水包括肝肠肚肺，置于糟钵中烹治的一味年菜，上海人制菜喜用香糟，家制香糟以绍酒、酒糟、盐糖、桂花、葱姜末拌匀，置三小时再以布袋滤过即成。以此制青鱼煎糟、川糟、糟扣肉、香糟元宝等。糟钵头后来转为在市上售卖，有徐三者善治糟钵头，清杨光辅《淞南乐府》云："淞南好，风味旧谙，羊胛开导朝戴九，豚蹄登席夜徐三，食品最江南。"所谓"豚蹄登席夜徐三"，注云："徐三善煮梅霜猪脚，尔年肆中以钵贮糟，入以猪耳、脑、舌及肝、肺、肠、胃等，曰糟钵头，邑人咸称美味。"则是最初以贮糟之钵头烹治猪下水，其后德兴馆改为砂锅，将材料置于锅中，另加入火腿、笋片、油豆腐，加鲜汤与香糟炖成。其制法较原来简易，且不失其原有的特色。制成的糟钵头，浓油赤酱，肥糯鲜嫩，咸中带甜，糟香醇厚，非常开胃。过去也吃过糟钵头，这次算是真的吃到其原味了。这菜前后点了三次，真的是大快朵颐。

上海的朋友说如果没有熟人，吃不到真正的好菜，但我坐在那里和点菜的领班慢慢攀谈，他到厨房来回跑了好多次，终于吃到称心满意的菜肴。酒足饭饱以后，又到南京路上漫步。南京路是过去十里洋场的精华所在，现在变成行人漫步专区，却看到一辆肯德基载送客人的专车，缓缓驶来，突然想到上海真的变了，而且变得非常快速。谁还记得那些兴于弄堂，伴着上海都会从传统过渡到现代的上海的本帮菜馆呢。难道这就是转变的上海，上海？上海！

海派菜与海派文化

民国十三年（1924）出版的《上海快览》"餐馆"条下，记载当时流行在上海的餐馆称："各帮菜馆，派别殊多，如北京馆、南京馆、扬州馆、镇江馆、宁波馆、苏州馆、广东馆、福建馆、徽州馆。"后来1957年由上海饮食旅游公司出版的《上海名菜》，归纳上海市面的餐馆有粤、京、闽、扬、苏、湘、川、徽、宁、杭、清真、净素、西餐和本帮菜等14种。所谓本帮就是本地的上海菜。除上海本帮菜外，其他中国各地不同风味的菜肴，在不同时期流入上海，都在上海流行，和上海百年来社会的发展与转变有密切的关系。

一、菜帮与菜系

过去对上海菜称本帮菜，流行在上海其他各地方的菜肴，则称之为外帮菜。流行在上海各地的菜肴称帮，和黑社会所谓的帮派不同。菜帮和城市经济发展后形成的商帮相似，是一种职业行会的结合，其来由已久，在宋代的城市中已经出现。不过，菜帮除了是行业的结合外，更突显其各自不同的地方特色。这些在上海流行的各地菜帮，虽然是上海开埠以来社会经济流变的产物，最初各自表现其不同的地方风味。但经过长期相互的仿效，并为了适应在地口味，而形成上海的海派菜。这种海派菜和其原来所代表的地方风味，已貌合神离了。

不过，这些在上海的外帮菜，最初皆冠以原来的地名，表明其属于原有菜系的一支。所谓菜是帮助下饭的食品。但因地理环境的不同，有气候物产之异，因而形成不同的饮食习惯。所谓"天下四海九州，山川所隔，有声音之异；土地所生，有饮食之异"。于是"靠山吃山，靠水吃水"的不同菜系就产生了。

中国饮食的区别，首先由南北的不同，以地理环境分划，自秦岭至淮河流域分划成南北两大自然区，形成南稻北粟的布局，大约一万年前农业出现时已经形成。以后的发展而有南米北面的不同，迄今仍未变更。因此配合主食的副食品，由于地理环境不同，而形成不同的饮食风味。晋张华《博物志》"五方人民"条下云："东南之人食水产，西北之人食陆畜。食水产者，龟蛤螺蚌，以为珍味，不觉其腥臊也。食陆产者，狸兔鼠雀，以为珍味，不觉其膻也。"所谓"有山者采，有水者渔"，是后来菜系形成的主要条件。

不同口味的差异，显著表现在南北朝对峙时期，王肃是当时的高门著姓，由江南过江归北魏，最初仍维持南方的饮食习惯。《洛阳伽蓝记》"延贤里王肃"条下谓王肃初"不食羊肉与酪浆等物，常食鲫鱼羹，渴饮茗汁"。王肃认为"羊者是陆产之最，鱼者乃水族之长，所好不同并各称珍"。在北宋的首都汴京为了方便北来的南方人，而有南食、川食的食肆，而且成了当时时尚的饮食。饮食习惯不同，更有南北口味的差异，各自独立发展，形成不同地方饮食的特色。徐珂《清稗类钞》"各处食性不同"条下就说："食品之有专嗜者，食性不同，由其食尚也……则北嗜葱蒜，滇、黔、湘、蜀嗜辛辣品，粤人嗜啖淡，苏人嗜糖，即浙江言之，宁波嗜腥味，皆海鲜，绍兴嗜有恶臭之物。"

各地食性不同，一地所嗜，可能是另一地所厌恶。《清稗类钞》"北人食葱蒜"条下云："北人好食葱蒜，亦以北产者为盛，直隶、甘肃、河南、山西、陕西等，无论富贵贫贱之家，每饭必具。赵瓯北观察翼有《旅店题壁》诗云：汗浆迸出葱蒜汁，其气臭如牛马粪。"赵翼是江南人，无法忍受葱蒜的气味，但北人每饭则必具，已道出各地不同的饮食差异。南北主食有米食面食的不同，所配合的副食品，也因不同地区而显著不同。这些不同的饮食差异，分散在中国境内，形成不同的饮食文化圈，简称之则为菜系。

以长城之内的黄河、长江、珠江三条水系为区分，黄河流域的包括甘肃、山西、陕西、河北、山东、河南的饮食习惯与口味相近，形成一个饮食文化圈，是为华北菜系。长江流域上游包括云南、贵州、四川、湖南可为一个饮食文圈，是为西南菜系。长江下游的长江三角洲，包括江苏、浙江、安徽和上海市则是华东饮食文化圈，其为华东菜系。珠江流域包括广东、广西、福建与台湾则为华南饮食文化，是为华南菜系。不过，这只是同中存异、异中有同的概略区分。

因为在同一个饮食文化圈，由于地理环境与物产风俗的不同，出现地区饮食习惯的差异，而有京、沪、川、粤、苏、扬、闽、鲁等菜系之称。不过，即使以同一个地区为名的菜系，往往是由几个不同的地方风味结合而成的。所谓粤菜即以广府菜为主体，结合东江的客家菜和潮汕地区的风味而成，现在又增加了香港的新潮粤菜。闽菜是闽北的福州、闽西与闽南漳泉二州与厦门组合而成，漳泉二州又对台湾的饮食发生直接的影响。至于鲁菜，由胶东的威海、中部的济南与鲁南的济宁的风味组合而成，而鲁南又与江苏北部的徐州、安徽北部的滁州饮食习惯相近，形成黄河之南淮河以北的淮海饮食文化区，过去的《金瓶梅》饮馔，与现在流行的孔府佳肴都在其中。鲁菜的胶东风味又是京菜形成的基础。所以，一个菜系往往由几个不同的地方风味结合而成，同时一个菜系与另一个菜系饮食习惯相近，又发生饮食文化圈重叠的现象。如果在一个菜系的区域之中有著名都会存在，构成这个菜系不同的地方风味，则会向都会区集中，渐渐融合成这个菜系的特殊风味，然后向外发展。当一个菜系向另一个都会发展与流行，为了强调其所代表的特殊风味，而形成不同地方的菜帮。所以，上海开埠以后，有徽帮菜、甬帮菜、粤帮菜、京帮菜、川帮菜、苏帮菜、扬帮菜相继在上海流行。最初为了适应旅居上海的各地客商的口味，往往以各地不同的"正宗"口味为号召，于是各个不同菜系的菜帮，渐渐在上海形成了。

二、菜帮与商帮

菜帮和明清以来城市经济发展中形成某种行业结合成的商帮性质相似。这种在城市经营的商帮，往往有非常显明的地域性。上海开埠前人口只有五十余万，开埠后全国各地人口大量涌入上海，至抗战胜利时上海人口已增至五百余万，除了少部分外国侨民外，上海原籍人口只有19%，80%以上都是因经商由外地移来，在上海居住数代以后也成为上海人了。这些外来的商帮最初在上海发展，往往会遭遇到"在家千日好，出门一时难"的困境。于是有"敦乡谊，辑同帮"的会馆出现。所谓会馆，"集乡人而立分所也"。上海开埠前有各地会馆二十多个，鸦片战争开埠以后迅速发展，已有一百四五十个。主要分布在十六铺，大小东门和老城内的洋行街、棋盘街、董家渡、斜桥与城隍庙一带，甚至还有一条会馆街。各地商帮在上海设立会馆，反映上海开埠以后，社会经济发展与转变的实际情况。代表各地不同风味的菜帮，便依附不同的商帮进入上海发展。

首先对上海经济发展具有影响的是徽帮商人，唐宋以来徽帮商人已遍天下，而有"无徽不成镇"之称。上海开埠以前，徽帮商人已活跃在沪上，徽商自称："吾乡贾者，首渔盐，次布帛。"事实上徽商经营的范围不仅于此，并且掌握造船业，垄断整个上海的典当业。这些徽商资本是在扬州徽帮盐商支持下形成的。虽然上海开埠以后，经济结构与形态转变，徽帮商人在上海渐渐失去往日的辉煌，但仍掌上海茶和丝绸的贸易。当时富甲江南的红顶商人胡雪岩就是个徽商，他是绩溪胡里人。徽帮商人在上海经营，徽帮商人的会所也相继成立，道光时，在青口的徽帮商人叶同，联合当地商号十二家创立祝其公所于大东门外，其公积金就有一千二百万两，并赈济青口灾民。随着徽帮商人在上海发展，徽帮菜也进入上海，而且是最早进入上海的外帮菜。

20年代，上海书场流行一段弹词"洋场食谱开篇"，其中有："东西最好是鸿运，徽面三鲜吃聚宾。聚乐、鼎新兼其萃，醉白园开在小东门。"说的是当时流行在上海的徽帮菜馆。所谓徽帮菜出于绩溪。绩溪厨师善烹调，他们由深渡下船，经富春江到杭州转到上海，另一部分则随盐商由扬州转来上海。徽帮菜在上海经营，可追溯到鸦片战争前，由于徽帮商人垄断上海的典当业，当铺开在巷里间，几乎每一条街都有一两家徽帮菜馆，至抗战前夕，上海有徽帮菜馆五百多家，著名的有八仙楼、胜乐春、华庆园、复兴园、聚丰园、老醉白园、善和园、大中楼、鼎新楼、宴宾楼、三星楼、善和楼等。徽帮菜擅长烧炖，油重茨厚，醇浓入味，且能保持原汁原味，如走油拆炖、红烧鸡、煨海参等，不过尤擅煎炒，如清炒鳝背、炒划水。过去上海徽帮菜馆多兼营面点，鸡火面、鲜汤虾仁面、三鲜锅面与徽式汤包，价廉味鲜是其特色，多为上海人喜爱。

不过，徽帮菜馆经营保守，无法适应上海迅速转变的环境，后来渐渐没落了。现在著名的只剩下大富贵酒楼。大富贵酒楼原名徽州丹凤楼。创于清朝末年，最初只经营一般徽菜和面点，后来扩大营业，并改名大富贵酒楼，聘徽帮名厨料理，烹制正宗徽菜。其名肴有金银蹄鸡，以金华火腿二肮，徽人称猪脚上面的关节部分为二肮，与新鲜蹄髈及鸡并置砂锅中烹制，是道地的徽菜。葡萄鱼，以青鱼中段切制成葡萄状，加葡萄汁烹成。沙地鲫鱼，此味由徽州先传到扬州，已见于童岳荐的《调鼎集》，曹雪芹之老蚌怀珠即缘此而来。

上海开埠后，徽帮商人资本逐渐衰退，甬帮的宁波商人与粤帮的广东商人资本进入上海，成为后来上海经济发展的主导力量。宁波地近上海，经济力量迅速发展，清朝末年宁波旅沪人口已有四十余万。甬帮商人在鸦片战争前，已建四明会馆于小北门外，在小刀会事件中被毁，重建后规模更大，有前殿、后殿、土地公祠，并建济元堂作为同乡集会之所。因地近法租界，法人以其有碍卫生及筑路而被迫迁移，引起旅沪宁波人的抗争。经交涉后，会馆保留，但原来葬此之旧冢迁回原籍，会馆于虹口日晖港另设寄柩处，并在八仙桥设四明医院，四明会馆是当时上海最大的会所。

随着甬帮商人在上海发展，甬帮菜也进入上海，同治、光绪年间，上海已有甬帮菜馆。甬菜多海味，与他帮不同，其黄鱼羹、红烧甲鱼、炒鳝糊、蛤羹颇著名。不过后来在上海开设的甬帮菜馆，皆以"状元楼"为名，如盈记状元楼、甬江状元楼、四明状元楼等等。甬帮菜馆称状元楼有一段掌故。状元楼是宁波最老的菜馆，原名三江酒楼。创于乾隆年间，相传当时有几个举子上京应试，聚于三江酒楼，店家以红烧甲鱼奉客，并谓此菜名"独占鳌头"。后来这几个进京应试的举子都金榜题名，其中一人并中了状元。状元归来春风得意马蹄香，再宴于三江酒楼，并提笔写了"状元楼"三字，于是三江酒楼自此改为状元楼。现在上海的甬江状元楼，创于1938年，经营者方润祥与名厨金迎祥皆来自宁波。其菜肴有芋艿鸡骨酱、黄鱼羹、糟鸡、新丰鳗鲞，都是地道的宁波口味。甬菜以黄鱼入馔者较多，其黄鱼羹、苔菜拖黄鱼最有名，另有露肴剥皮大烤，是传统的宁波名菜，以剥皮猪腿加腐乳汁用小火焖烤而成。

除甬帮商人，粤帮商人也接踵而来。广州与外交涉最早，深谙夷务。上海开埠以后，对外贸易中心转移到上海。华洋交涉频繁，开埠之初，洋行买办多是粤人，粤帮商人大批资金也随着转来上海。上海南京路上四大公司中的永安、先施、新新都是粤帮资本。于是起华厦，改变经营方式，繁荣了上海的市容。其他如屈臣氏的荷兰水（汽水）、冠生园的糖果、南北货也是粤帮商人经营。粤帮商人后来居上，掌握了上海的经济脉动，起广东会馆于土斜路，富丽堂皇，梁启超来沪即居于此。

粤菜馆于清末进入上海，最初多设在虹口四川北路一带，有味雅、安乐、西湖、天天等数十家粤帮菜的酒家。粤人称菜馆为酒家，20年代粤帮菜的酒家已遍及全市。尤其四大公司集中的南京路，永安、先施、新新附近除了有大东、东亚、新新粤菜酒家外，还有大三元、杏花楼、燕华楼等，以及金陵、环球等酒家。粤帮菜馆在上海与其他菜帮不同的地方，就是装潢得金碧辉煌，一桌一椅一箸一匙都非常考究，在此消费若置身宫廷之中。而且粤人吃得奇巧，凡是背脊朝天的皆可入馔，如菊花龙虎会、锦绣果狸丝、凤爪炖海狗、瓦燀焗山瑞等，都是他帮所无，但价钱不赀，抗战前夕，一席名贵的粤帮酒席已达千元。其他酒楼一席酒菜不过三五十元而已，多富商巨贾在此饮宴，非一般小民可以染指者。

不过除了这些昂贵的酒家外，后来又出现较平民化消费的小型粤帮菜馆。现在上海最著名的新雅粤菜馆，创于1928年，初创时只是有两间门面，楼下经营罐头食品，楼上出售粤式饮茶点心，为梁建卿所创。梁建卿，南海人，毕业于香港皇仁书院，当时国民革命军已攻占汉口，梁建卿认为机不可失，于是开设新雅茶室，兼营粤菜业务，售叉烧卤味，并有虾仁炒蛋、炒鱿鱼、炒牛肉等粤式街坊小菜。价廉物美，冬天宵夜还有鱼生、打边炉，生意兴隆。于是这类平民化的粤帮菜馆纷纷开市，如江南春、同乐酒楼、陶陶酒家、东江楼等，颇受上海一般市民的喜爱。

几经沧桑，现在新雅粤菜馆已是上海最著名的粤帮菜馆了。其名肴有焗酿禾花雀、七星葫芦鸡、炒鲜奶、金华玉树鸡、烟鲳鱼、北菇炖乳鸽，都是当前香港流行的粤菜。香港粤菜和广府粤菜经过几十年分离的发展，彼此间已有区别。现在和新雅粤菜馆齐名的还有杏花楼酒家。创于清末，最初由洪吉如与陈腾芳合营，只售小吃菜点，白天有腊味饭、烧鸭叉烧饭，宵夜供应粥面。民国初年，粤人来沪者众，杏花楼的生意越来越旺，由粤帮大厨李景海主理后，开办筵席业务。杏花楼原名杏华楼，后取杜牧"借问酒家何处有，牧童遥指杏花村"，而改现名。现在的杏花楼酒家已是座四层楼的大饭店，其菜肴有脆皮烧鸭、西施虾仁、清蒸海狗鱼、香露葱油鸡、双鹊渡金桥等，具是羊城风味。杏花楼兼营粤式糕点，其广式月饼最著名。

上述徽帮、甬帮、粤帮菜馆，都附着各帮商人在上海发展，相继进入上海。这些菜帮在上海出现与各帮商人在上海的经营与变迁，有不可分的关系。因此，从这些不同的菜帮在上海出现与流行，以及后来的没落与沉浮，也可以对上海近现代社会经济发展有个侧面的了解。

三、海派菜与海派文化

各帮菜向上海辐辏后，和其他不同的菜帮相较，才发现自身所具有的特色和地方风味，往往在市招上加正宗二字，突出其地域风味，以招徕不同商帮旅居上海的同乡顾客。不仅市招如此，店内的装潢也各有特色，甬帮状元楼店内的桌椅，一式用黄虎木制造的宁波家具。各帮菜馆灶上的掌勺、店里的跑堂全来自家乡。跑堂俗称堂倌，旧式堂倌肩上搭一条白毛巾，站立门外笑脸迎宾，待客上座，所操皆是乡音。甬帮状元楼的堂倌清一色"阿拉"宁波人，苏帮菜馆堂倌说的是吴侬软语，徽帮菜馆堂倌说的是徽调，当时去某帮菜馆不谙其乡音，会遭受冷遇和白眼的。

但经过最初不同菜帮的狭隘的地域观念，与各自以正宗自居的对立，最后发现这种独限一隅的方式，无法拓展经营的局面。于是开始互相学习与模仿，并制作适合更多上海人口味的新肴。如徽帮大中楼，将虾仁馄饨与鸭子置于砂锅中同烹的馄饨鸭，菜前堂倌奉送的大血汤，深为上海人喜爱，后来融入上海本帮菜之中，成为沪菜与小吃的一种。粤帮菜虽自标身价，但后来也不得不迎合上海人喜吃虾仁的习惯，杏花楼另创西施虾仁一味，以新鲜的河虾仁与鲜奶滑油而成，既保留粤菜色香味的特色，又切合上海人的口味，是非常有创意的一道菜色。凡新创意的菜色都有其因由，而不是凭空臆想的。不过，后来梅龙镇酒家由扬入川，味兼川扬的川扬菜出现，于是上海有了海派菜。维扬风味的扬帮菜，制作精细，甜咸适中重本味，擅长炖焖的火工菜是其特色，与川味的"七味八滋"完全不同。所谓七味，是甜、酸、麻、辣、苦、香、咸，至于八滋则是干烧、酸辣、麻辣、鱼香、宫保、干煸、红油、怪味，与淮扬风味完全不搭调，而且一在长江头，一在长江尾，各行其是，但两种风味绝殊的菜肴，却在上海结合在一起，真是个异数。

当初扬帮菜与川帮菜分别在不同时间进入上海。光绪初，上海著名的扬帮菜馆有新新楼与复兴园，其名馔有清汤鱼翅、卤煮面筋、野鸭羹、肝片汤等。民国初年，则有大吉香、老半斋，尤其老半斋位于小花园尽头（现浙江东路九江路），当时榆柳夹道，环境清幽，沪上词人墨客时吟唱其间。老半斋前身是半斋总会，创于光绪三十一年，是几位在上海开设银行的扬州人的俱乐部，供应扬州面点与菜肴。后来扩大营业开设了半斋菜馆，由扬州人张景轩经营，专营正宗的扬州风味的菜肴与点心，受沪上人士喜爱，后来其账房某离店，在其店对面开了间新半斋，于是半斋菜馆改名为老半斋酒楼。经营迄今仍然是上海一枝独秀的维扬菜馆，其名肴有虾仁干丝、蟹粉狮子头、镇江肴肉、煨淮鱼、清蒸鲥鱼等。现在上海还有扬州饭店，由40年代扬州名厨莫氏兄弟的莫有财厨房转变而来，其新菜有松子鱼米，名肴有醋熘鲫鱼、清蒸刀鱼、火腿萝卜酥腰、析骨大鱼头。扬帮菜在上海或创新或承其传统，皆能保持其故有的风味。

　　至于川帮菜在上海出现，始于清末，最初英租界四马路（福州路）一带有川帮小菜馆出现。辛亥革命后，国民革命军北伐到上海，军中川人颇多，川帮菜在上海流行起来。当时上海著名的川帮菜馆有都益处、大雅楼、共乐楼、陶乐春等。川帮虽以一菜一味、百菜百味为号召，却有一个共同的特点，就是既辣且麻，是上海人无法消受的。于是川帮菜为了适应上海人的口味，开始改良。其改良菜有虾子春笋、炒野鸭片、白炙烩鱼、红烧大杂烩、火腿炖春笋、清炖蹄筋，都免去辛辣，尽量迎合上海口味。已为后来的海派川菜做好了准备工作。

　　扬帮菜、川帮菜在上海各行其是，至梅龙镇酒家引川入扬，将川帮、扬帮结合起来，成为川扬合流的海派菜。梅龙镇酒家于1938年，由俞引达与其谢姓友人合资经营，店名梅龙镇，取自京戏的《游龙戏凤》，最初在威海路只有一间门面，供应肴肉汤包维扬小吃，因处偏僻，生意清淡，不胜亏损，由艺文界的李伯龙买下，迁至南京路现址，并邀名媛吴湄任经理，聘请名厨料理，以淮扬名馔为号。抗战胜利前一年，吴湄看准了日本必败，川菜将流行沪上。于是聘请川帮名厨沈子芳来店主理，于是将川味入扬，形成川扬合称的海派菜。吴湄这着棋果然下对了，抗战胜利，接收大员携眷自重庆顺流而下，复员上海。因八年抗战局居山城，一旦离去，颇似陆游离蜀后，"东来坐阅七寒暑，未尝举箸忘吾蜀"。对川味念念不忘。于是上海的川帮菜又流行起来，四川饭店、洁而精川菜馆兴焉。梅龙镇刚好走快一步，海派川菜得以流行沪上。梅龙镇酒家的海派名肴有龙园豆腐、芹黄鹌鹑丝、梅龙镇鸡、干烧鲫鱼、茉莉花鱿鱼卷、龙凤肉、干烧鳜鱼、干烧明虾等，川扬合流的上海的海派菜就出现了。

　　所谓海派，是上海开埠半个世纪后，在清末民初所出现代表上海文化特色的名词。首先反映在艺术、戏曲和文学方面。在艺术方面，吴昌硕、任伯年等吸收西方绘画技巧，突破传统的宫廷画技，运用简单的线条，生动地绘出人物花鸟，被称为上海画派，是后来海派画的象征。至于戏曲，发端于清末民初的改良京剧，创始者为新舞台的夏氏兄弟、汪笑侬、潘月樵等，以市民熟悉的古典小说，将过去的折子戏连成全本，故事来龙去脉，清晰可见，唱词少念白多，而念白接近口语，通俗浅显，并引入西方电影技巧，制成声光电化布景，增强演出的效果，后来名角辈出，有麒麟童（周信芳）、盖叫天，这种改良的京戏，有别于北方的京戏，称为南派京戏，这就是所谓的海派京戏。在文学方面则有礼拜六派，《礼拜六》是一本小说杂志的名字，创刊于 1914 年 6 月，由王钝根、周瘦鸥主编，每期刊载长短小说十多篇，文前冠以社会、军事、爱国、言情、家庭、侦探、历史小说的名类名称。1916 年停刊，发行了一百期。1921 年复刊，内容扩及笔记、译丛、笑话等，主要撰稿人有陈蝶仙、吴双热、陈小蝶、程小青、李涵秋、吴绮缘等。这些作者被称为洋场才子，作品内容多是吟风弄月、才子佳人之类，迎合上海小市民的趣味与消遣，被称为礼拜六派，其后的鸳鸯蝴蝶派由此而出，张爱玲的小说也受其感染，礼拜六派也可称为海派文学。

文学、艺术与戏曲反映一个社会的发展与演变实际形态，既然都自称或被称海派，已突现上海开埠半世纪的发展，并明显地表现出其独特的文化性格。自称海派某种程度自觉与代表中国文化传统的北方京派不同。上海由一座江南的小城，经过半世纪发展，已蜕变为东方数一数二的大都会，象征着中国都会发展由传统过渡到近代的一个过程。但上海虽然是江南的一座小城，却由于地理位置与交通，早已具有中国传统商业城市的性格。过去半个世纪中国传统商业城市的市井文化，与西方殖民主义的文化结合后，形成的特殊形态是海派文化历史根源。

所谓市井，是中国自古以来的贸易之所。至于市井文化，是唐代坊里破坏后，宋明商业城市兴起，以城市居民为主体形成的一种通俗与现世的文化形态。这种市井文化完全是以商业贯穿而形成的，和过去中国传统依附土地的农村文化截然不同。由于资本和人口的流动，已缺少过去文化的稳定性，流于浮动与疏离，完全放弃传统商业贸易的义利之辨，以利为导向追求时兴，很少有机会自我反省。日常生活转向现世享乐的追求，沉湎于娱乐与声色，因此传统的市井文化所表现的是通俗和肤浅的。

以商业利益为基础的西方殖民文化，登陆上海以后，首先表现在上海帝国主义的租界区。这种特殊的租界区是列强在上海划定的势力范围，不同的租界区代表不同的西方文化脱离其母体后，在海外的延伸与孤立发展的空间，不仅坚持其文化的优越性，并将其文化与制度在其特定的区域发展与施行。这些不同的文化与制度在上海汇集，却各有其自身的文化樊篱，将上海切割成不同的文化板块，与上海原有市井文化重叠，形成不同的文化边际。在不同的文化边际中最后寻找到一个共同点，那就是中国市井文化里义利之辨的利，和殖民主义中商业主导的唯利结合起来，形成这座华洋杂处、纸醉金迷、十里洋场的冒险家的乐园。

《上海——冒险家的乐园》是一本书的名字。爱·狄密勒著，包玉珂译，英文原著与中译本，由生活书店于1937年同时发行。全书透过一个诨名狗头军师的冒险家自白，写尽世界各色人等在上海这个大都会以爱情、友谊、宗教、道义的美言好词为掩饰，实际则采用虚伪、欺诈、无赖、狂妄的手段，攫取他人辛勤努力的成果而致富。《上海——冒险家的乐园》所描绘的人物，多少代表某些上海海派人物的浮夸与优越的性格，扩大而言，可能也是海派文化的性格。近年来，上海的学者探讨上海文化的内涵，似有意将海派作为上海文化的象征。当然可以将这一部分摒于过去旧社会形态的发展。事实上，一切事物的发生与形成都有其历史的根源与社会文化变迁的过程。不过，海派文化除了上述的消极层面外，还有其积极的意义，海派文化是一种非常活跃、具有生命的文化，可以兼容并包其他的文化，发展成为自身的文化特色。海派菜的发展与形成，即反映海派文化的兼容并蓄的活力。只是海派文化在上海开埠半个世纪后形成，又经过半个世纪发展之后，却因政治的原因，上海不仅一度停滞发展，而且在过去与现代之间，出现了一个断层。最近二十年来上海又逐渐复苏，形成一股巨大的经济活力。这股经济活力正向社会各个层面渗透，也许可能形成新的海派文化。这种情形同时也反映在上海饮食方面。但进出现在的上海菜馆，发现已超越过去的海派菜，形成只有噱头的超海派菜，往日的情怀似已无迹可寻了。

多谢石家

　　在桃花未谢，柳树飘新的清明前后，披着一身蒙蒙的江南烟雨，又到了苏州。这是十多年来第三次到苏州，但这次去苏州，再不是个过客，要去和当年在苏州的一伙玩伴相聚。当年离别时，大家正是十五十六少年时，如今再相聚，都已白发皤然了。半个世纪的风霜与沧桑，怎能不催人老呢！这次在苏州有较长时间的逗留，不仅慢慢咀嚼着过去的陈年往事，而且也细细品尝了姑苏春天的风味。

一、多谢石家

　　1929年秋天，于右任游苏州泛舟太湖，在光福欣赏桂花归来，系舟木渎，在叙顺楼品尝鲃肺汤，风味绝佳，一时兴起，赋诗一首："老桂花开天下香，看花游遍太湖旁。系舟木渎犹堪记，多谢石家鲃肺汤。"这首诗次日刊于上海《新闻报》的头版。于是木渎石家的鲃肺汤，名扬沪上。

　　苏州木渎的石家饭店，原名叙顺楼菜馆，又称石叙顺，由石汉夫妇创业于清朝乾隆年间。世代传业，当时接待于右任的，是石汉的重孙石安仁老先生。这次与于右任同游太湖的，可能还有流寓苏州的同盟会老同志李根源。李根源，滇人，留日，入日本士官学校，归国创云南讲武堂，朱德就出于其门下。辛亥革命与蔡锷云南起义，后来又与蔡锷共组护国军讨袁。黎元洪任总统命李根源为农商总长，曾一度代理国务总理。后来退出政坛，息影苏州，寄情于湖光山色之间，对吴门掌故甚熟稔，先后撰成《吴郡西山访古录》《虎丘金石过眼录》。于右任尝罢鲅肺汤赋诗一首，李根源也即兴留下"鲅肺汤馆"四字，并为叙顺楼写了"石家饭店"的新招牌。自此，叙顺楼菜馆就成了石家饭店。

现在进入石家饭店登楼处，悬有"石家饭店"的金字招牌，为于右任所题。但题字落款望之不似右老手迹，不知是否由李根源代题。登楼数步转角处，有费孝通手书"肺腑之味"的横幅。费孝通是苏州附近吴江人，童年与少年求学都在苏州，苏州也是他的故乡。那次他因事返乡，抽暇作灵岩半日之游，并吃了石家的鲅肺汤，认为鲜美绝伦，因而写下这四个字。回到北京后，余味未尽，又写了篇"肺腑之味"的文章，副题是"苏州木渎鲅肺汤品尝记"，对这种肺腑之味叙之甚详，并且对于右任诗中误"斑"为"鲅"，多所论辩。

鲅鱼，苏州人俗称斑鱼。费孝通认为于右任将斑鱼称鲅鱼，是吴语和秦腔的口音之差，于右任是陕西人，误将吴语

的斑鱼称鲃鱼，费孝通遍检《康熙字典》，未见鲃字。而且
鲃肺汤所用的主料，是斑肝不是鲃肺，于右任称其为鲃肺汤
是不合实际的。但《康熙字典》虽无鲃字却有鲅字，鲅、鲃
相通，鲅鱼即斑鱼。斑鱼古称鳎鱼，《说文》说："鳎，鱼
名。出藏邪头国。"藏邪头国是古代北方少数民族濊貊，依
濊水而居，在今辽宁凤城县。辽宁去吴郡万里，不知此鳎鱼
是苏州的斑鱼否。鳎鱼即斑鱼，《魏略》云："濊国出斑鱼
皮，恒献之。"吕忱《字林》谓："鳎，通作斑。斑鱼又称
鳎鱼，似河豚而小，背青，有斑纹，无鳞，尾不歧，腹白有
刺，亦善嗔，则胀大，紧如鞠，浮水面。"李时珍《本草纲
目》认为斑鱼是河豚的一种，有毒不可食。他说（河豚）有
二种，"其色淡，有黑点者斑鱼，毒最甚，不可食。"斑鱼虽
似河豚而小，但并非同类，《致富奇书》说："又有一种斑
鱼，状似河豚，而实非同类，食之无害。"

　　斑鱼似河豚，身长不过三寸，桂花开时群游于太湖木
渎一带，花谢则去无踪影，或谓去了长江，清明时节就变成
河豚，这是民间传说。但说明河豚与斑鱼不同，一浮游于太
湖，一栖于长江，上市的季节也不同，一在清明时节，一在
中秋前后。斑鱼的季节不长，苏州人将斑肝称斑肺，习之为
常，三吴有名肴炒托肺一味，用的就是青鱼肝。费孝通以所
谓的科学的方法，讨论民间俚俗，就失去原有诗意和美感
了。不过，现在有一派讨论饮食文化者，用的就是这种方
法。但只能说明一种现象，却不能析其原因。

斑鱼，吴地俗称泡泡鱼，谚曰："秋时享福吃斑肝。"是一种村野俚食。斑鱼入馔，由来已久。袁枚《随园食单》"江鲜"条下有斑鱼一味："斑鱼最嫩，剥皮去秽，分肝、肉二种，以鸡汤煨之，下酒三分，水二分，秋油一分，起锅时加姜汁一大碗、葱数茎，杀去腥气。"袁枚《随园食单》材料，多取自《调鼎集》。《调鼎集》是扬州盐商童岳荐家厨烹调资料的汇编。《调鼎集》"江鲜类"记斑鱼制法数种。其下有小注谓："斑鱼七月有，十月止。"并且说：斑鱼"似河豚极，味甘美柔，无骨，几同乳酪。束腰者毒"。其制法："斑鱼肉最嫩，剥皮去秽，分肝肉二种。以汤煨之，起锅加姜汁、葱，杀去腥气。"《随园食单》与此雷同。《调鼎集》除此之外，还有烹治斑鱼法数种：烩斑鱼、炒斑鱼片、烩斑鱼肝、炒斑鱼肝、斑鱼饼、烧斑鱼肝、珍珠鱼（斑鱼子）等，其斑鱼羹治法："斑鱼治净，先用木瓜酒和清水浸半日，肝肉切丁，同煮，煮后取起，复以菜油涌沸（方不腥），临起锅用豆腐、冬笋、时菜、姜汁、酱油、豆粉作羹。"不加豆粉，即为肺汤，石家鲃肺汤或源于此。石家饭店创业于乾隆年间，当时袁枚虽居金陵随园，但常往来苏州，居唐静涵家。唐静涵是知味者，《随园食单》所载若干佳肴，即出于唐氏侍姬之手。一说鲃肺汤出于书寓，书寓即青楼。

时犹忆当年在苏州，逢秋爽菊黄的时节，侍先大人与家人游灵岩、天平归来，必饭于石家，尝过石家鲃肺汤与鲃肺羹。羹香郁，汤清鲜，各有其美。也抓过满桌跳蹦的壮硕炝虾。当此节令还有一味以雄斑鱼的精白，俗称西施乳，与新剥的蟹粉同烹，香醇柔滑，是人间的至味。所以游罢太湖洞庭东西山归来，过木渎已近黄昏，我说不如去石家吃顿晚饭，于是大伙就去了石家饭店。

下得车来，依稀记得还是石家旧址，但已经拓建了。进得店来登楼坐定，几位蓝裙白衫的侍者拢了过来。面貌娟秀，操软糯的吴语，听起来似弹词开篇，我首先点鲃肺汤，侍者说："对勿住，格个辰光，鲃鱼勿当令，有格，要先日预定。"我听了颇怅然。于是点了活炝河虾、三虾豆腐、清熘虾仁、石家酱方、清蒸鳜鱼、冰糖甲鱼、油泼子鸡、塘鱼莼菜羹、生煸草头及拌马兰头、鳗鲞等下酒小菜八小碟。

吃苏州菜肴讲的是节令，什么时节吃什么。连陆稿荐的酱汁肉也是清明上市，卖到立夏。此次来没有品尝到鲃肺汤，只有等中秋过后再去苏州。不过，现在正是桃红柳绿的4月，还有些时鲜如草头、马兰头、春茭、春笋、塘鲤、刀鱼、银鱼可吃的。

二、碧螺虾仁

在石家饭店虽然没有品尝到鲃肺汤，不过，石家名肴差不多都上桌了。尤其石家酱方，软糯香滑、肥而不腻、咸中带甜、入口即化。明清官府常用酱方待客。称"一品肉"或"酱一品"，传统制法先将见方的五花肉，入酱油浸泡，制成后成枣红色。其后石家饭店以陆稿荐制酱汁肉之法加以改良，陆稿荐的酱汁肉，原名酒焖肉，选上等五花肉入锅煮一小时，加红曲米、绍酒、绵糖，改中火焖烧，起锅后，原汁留在锅中，再加糖，以小火煨成糊状，浇于肉上，色泛桃红，晶莹可喜。石家的酱方以传统制法并以酱汁肉方加以改良，制成的酱方枣色中透着玫瑰红。好看又好吃，确是妙品，下箸不停，吃了不少，临行太太的叮咛，早已置于脑后了。

这个时节不仅吃酱汁肉、酱方，还有樱桃肉可吃。樱桃肉，《调鼎集》云："烹樱桃肉时，将肉切成小块，如樱桃大。用黄酒、盐、茴香、丁香、冰糖同烧。"这是樱桃肉的传统制法，然状似樱桃，色泽鲜艳，苏州的樱桃肉以红曲米水调色，其形状与色泽皆似樱桃。正是"绿了芭蕉，红了樱桃"的春季佳肴。一路行来，吃了不少酱汁肉、樱桃肉与酱方，但以石家酱方，最为上品。过去台北小小松鹤楼、鹤园、蔡万兴菜馆都有酱汁肉可吃。尤其当年小小松鹤楼案上掌刀的师傅，出自姑苏松鹤楼，所制酱汁肉最佳。如今小小松鹤楼与鹤园，早已歇业，蔡万兴的酱汁肉色味都已改变，甚粗，已经不能称其为酱汁肉了。至于酱方，乡村与乡园有售。乡园是原开设在西宁南路的石家饭店易名，其酱方尚可一吃，但难望木渎石家酱方的项背。犹忆多年前，在余纪忠先生府上，吃过其家厨所制的酱方，一方晶晶颤颤的五花肉置于盘中，座上客多不下箸，我独享甚多，其味颇佳。

离开苏州多年，对苏州的清炒虾仁思念至深。苏州的清炒虾仁，用的是太湖的白虾，《太湖考略》云："太湖白虾甲天下，熟时仍洁白。大抵出江湖者大而白，溪河出者小而青。"太湖白虾又名秀丽长臂虾，体色透明，略见斑纹，两眼突出，剥出虾仁清炒起来，个个晶莹似拇指大的羊脂白玉球，真是天下美味。那次，初访江南，前后两周，吃了十三次清炒虾仁，都不似旧时味。不仅料不新鲜，而且颗粒细小，其中一次吃了一盘清炒虾仁，其细小如米粒，不知丧了多少苍生。倒是后来再去江南，过无锡游太湖，饭于聚丰园，识得一特级厨师，相谈甚欢。约定探访宜兴丁山的紫砂壶而来，他为我准备了梁溪脆鳝与油爆虾，两味都是妙品。尤其油爆虾，用的是太湖白虾，体硕、壳薄、肉鲜美。

这次去苏州，朋友怜我没有吃到可口的虾仁，餐餐皆有虾仁，不论清炒、油爆还是盐水，或蟹粉同烹，或鳝片同爆，与十多年前相比，不论色香味皆不可以道里计。的确，当时在开放之初，从最初没有什么可吃，到有东西吃，然后再慢慢更上层楼，其间是需要一个过程。不是一蹴可成的。这次吃了不少清炒虾仁，以石家饭店那碟最佳，因地近太湖，用料新鲜，和中午在东山雕花楼宾馆的碧螺虾仁，前后相映成趣。

中午在东山雕花楼餐厅吃饭。雕花楼濒临太湖，为民初商人金锡之所建，主体建筑的再春楼，梁柱窗栅，甚至进门的门槛无处不雕花，或砖雕或木雕，都非常精细，但图案多

61

是孔方兄的金钱，铜臭满溢，实在俗得紧。倒是楼外宾馆的
餐厅，装饰得很雅致，红木桌椅，壁间有字画，梁上悬着盏
纱灯，而且那席湖鲜宴，除八味小碟外，菜肴有碧螺虾仁、
盐水白虾、葱姜白鱼、螺中寻宝（大田螺酿肉）、白果残鱼、
塘鱼炖蛋、樱桃肉、炒面苋、肉末茄条、旺鱼莼菜汤。地在
湖滨，材料就近取之，清新可喜，饮五年的陈绍。吃江南佳
肴饮此酒，别有一种风韵，一路行来，饮的都是这种酒，其
名"古越龙山"。

这是一席姑苏仲春的时鲜，为首的就碧螺虾仁了。碧
螺虾仁以缥缈峰下新焙茶叶，取其二泡茶汁与新鲜的虾仁同
烹，并以碾碎的碧螺春粉末拌盘，点而食之。和杭州的龙井
虾仁不同，杭州的龙井虾仁以发妥的龙井炒虾仁，虾仁粘着
茶叶，我在杭州吃过，不似此处的碧螺虾仁清雅脱俗。碧螺
春是中国的名茶，仅产于太湖的东西山，产量不多，尤以清
明前焙出的新茶为佳，我来正在清明前，在西山石公山上的
茶亭，沏新焙的碧螺春一杯，当时细雨初止，亭外的桃花沾
满雨珠，山下岸旁新柳如洗，在微风中飘荡，烟波的太湖蒙
蒙，此情此景可以入诗入画。

三、吃煞太监弄

我临来苏州前，请朋友先订妥乐乡饭店。1949 年前，
乐乡是当时苏州最豪华的饭店，不过现在已经陈旧没落了。

我准备住乐乡，因地近北局，转个弯就是太监弄。出太监弄是观前街，正对着玄妙观。苏州有句俗语："白相玄妙观，吃煞太监弄。"现在为了发展观光，经整修粉饰过的观前街与玄妙观实在呒啥好白相了，也就是没有什么好玩了。但以酱汁肉闻名的陆稿荐，卖糕团的黄天源，专售茶食的稻香村、采芝斋、叶受和虽然门面改了，还继续在观前街营业，都是百年老店。至于太监弄里，更有许多好吃的。这是我选择住乐乡的原因。

北局是明代专供皇家丝绸的织造局所在地，皇帝派宫中亲信太监专驻提督，大小太监就住在北局旁，后来称为太监弄。这一带是我少年时常流连的地方。苏州的戏院、电影院与说书弹词的剧场，都集中在北局。当年我看电影听戏的大光明与开明戏院，如今还在，苏州著名的饭店、酒馆、茶肆都在太监弄。

太监弄不长，只有二百来米，原来很狭窄，1939年拓宽后许多饭店在这里开张。新开的菜馆有三吴、味雅、老正兴，还有大东粥店、新新菜饭店、大春楼面馆和原来就在这里的功德林素菜馆、吴苑茶室生煎馒头店。另外还有元大昌、金城源、老宝和、同和福酒馆也在这里，专售老黄酒，没有热炒，但有些卖佐酒小菜的妇人穿梭其间。她们卖的有虾饼、拼二笋、香椿拌豆腐、拌马兰头、笋丁枸杞头、糟鱼、糟鸡、糟肚头、熏猪肉内脏、爆虾熏鱼、鳗鲞等等。这些佐酒的小菜，后来就是现在酒席的前菜八小碟。所以，大筵小酌，吃点心喝老酒太监弄都有，真的是"吃煞太监弄"了。

现在的太监弄有松鹤楼、得月楼、王四酒家、京华、上海老正兴、清香斋、五芳斋等。喜的是朱鸿兴面馆，也从人民路搬回来了。苏州人吃早点，在家吃粥或泡饭，泡饭是将先日剩饭加水泡煮，配小菜食之。苏州俗话说："早上起来冷飕飕，吃碗泡饭热烘烘。"在外面吃早点则吃面。所以，苏州著名的面店有朱鸿兴、观振兴、近水台、新聚春等，有的已有百年以上的历史。面的种类很多，有焖肉、熏鱼、爆鳝、鳝丝、炒肉丝、虾仁、虾丝、三虾、虾蟹、卤鸭，另外还有焖肉与熏鱼双拼。而且焖肉不用硬肋，肉丝必选后腿，鱼活杀，虾仁新剥。我喜欢吃的是朱鸿兴的焖肉面。

朱鸿兴原来也在太监弄，后来迁到人民路（先前的护龙街）怡园对面。当时我上学从住家的仓米巷（写《浮生六记》的沈三白和芸娘，当年就住这巷子里）经过护龙街，在朱鸿兴停下来，先吃碗焖肉面，再去上学。离开苏州多年，想吃的还是碗焖肉面（焖肉面的美味，我在另一篇文章里表述过了）。所以，上两次到苏州，都去了朱鸿兴，第一次去朱鸿兴，朱鸿兴正拆楼改建，望着残砖断瓦，心里颇为怅然，于是去了观振兴。隔了几年再去苏州，朱鸿兴虽已建妥，但新厦却已变成了旧楼。吃了一碗焖肉面，但不是旧时的味道，而面条用的是小阔面。

小阔面是后来开张的新乐面店所创，其他面店相继也改用小阔面,但小阔面不如先前银丝细面那么清爽,即使阔汤大煮后,仍然汤不混浊,保持原来的口感。后来听从苏州回来的朋友说,朱鸿兴已经改回原用的银丝面,心中颇喜。这次再去朱鸿兴,焖肉面已复昔日的旧观,焖肉见热即融,酥而不改其形,入口即烂不必齿啮,面清爽汤甜腻,真是妙品。所以,在苏州的几天,差不多每天晨起,穿过是时宁静的北局,到太监弄的朱鸿兴去,一杯碧螺春、一碗焖肉面,再配一盘蟹粉包子或汤包,或眉毛酥或刚出炉的蟹壳黄。是时座上客人寥寥,我独居一角,慢慢吃着焖肉面,偶尔俯望窗外,依稀旧时光景。

不过,偶尔也会到松鹤楼的早点部吃一碗卤鸭面,再来二两生煎馒头。松鹤楼还保持过去公营售票的习气,面也是先买票后自取。松鹤楼的卤鸭面,用的嫩乳鸭,活杀后,夜半烹制,早晨供市,鸭肉微红,肉酥嫩而不脱骨,汤是原汁鸭汤,的确有其传统。松鹤楼是乾隆时开业的老店,金字招牌也是乾隆御题的。因此自标身价,除卤鸭面是大众的早餐食品价钱普罗,若登楼点菜价钱就不便宜了。记得十多年前松鹤楼刚从观前街迁到这里,我在松鹤楼吃了一盘炒虾蟹,价钱是180块人民币,这个价钱是当时一般人两个月的薪金,结账后心里甚有愧意。

所以,这次除了吃碗卤鸭面外,没有上松鹤楼,都是在对面王四酒家与得月楼吃的。王四酒家原坐落在常熟虞山脚下,始建于光绪十三年。常熟是光绪老师翁同龢的故里，翁戊戌政变被贬还乡，曾在王四酒家品尝过店里酿制的桂花酒，并挥毫题了"带经锄绿草，留露酿黄花"。或谓王四酒家的名肴叫化鸡，即由翁氏传授。相传一日翁同龢游兴福寺，忽闻异香，闻香往寻，见一乞丐正依火堆吃鸡，翁同龢取其鸡肉尝之，觉甚有风味，询其制法，乞丐说偶得一鸡，无奈无炊具调料，即宰鸡去内脏，带毛涂以泥，置火中烤，泥干，敲去泥，毛亦随之脱落，即食。翁同龢将其方法告知王四酒家，并命厨下加葱、姜、盐、丁香、八角等十二种调料，用网油紧裹鸡身，再以荷叶包裹，外涂绍酒坛用的黄泥，入火煨烤，翁氏并亲笔题书叫化鸡，成为王四酒家的名肴。后此肴外传，因其名不雅，更名教化鸡或富贵鸡，其实叫花子与富豪虽相去天壤，嗜美味之好是相同的，何必更名，且鸡名富贵俗得紧。

记得初食叫化鸡，在香港天香楼。点了一味叫化鸡，等到上菜，二侍者抬一火盆上来，其中载一泥裹的叫化鸡，心想糟了，当时正在新亚研究所当学生，苦学生的口袋没有多少钱。于是，我又点了一味蟹粉蹄筋，对同座的同学说我出去一会儿，于是，出门乘计程车回学校借钱，回来才算账出门。同来的那位同学出门直说好吃，我却不知其味。

现在王四酒家，总店就在太监弄。上两次过苏州，时间仓促没有吃叫化鸡，这次总算吃到了。那日雨中游罢拙政园，中午饭于王四酒家，菜有八小碟、叫花子鸡、梅汁乳蹄髈、炒虾蟹、银鱼蒸蛋、三丝蒸鳜鱼、咸蛋蒸臭豆腐、春笋塘鱼咸菜汤。这也是一席苏州春天的时菜。王四酒家的叫花子鸡的确与众不同，鸡腹中的塞料已煨鸡合而为一，合众味成一味了，软糯香醇，是他处所无。杭州楼外楼的叫花子鸡，是不可相提并论的。梅汁乳蹄髈也是王四酒家的名肴，以梅汁与腐乳汁调治，味道与酱方不同。喜的是咸蛋蒸臭豆腐，臭豆腐对切成三角形，再各片数块，中酿高邮咸蛋黄，以鸡汁蒸成，味糯臭香非常雅致，这是苏州菜的特色，不像台湾店里蒸臭豆腐，那么粗俗单调。

得月楼的旧店在王四酒家隔壁，大陆电影《满意不满意》，拍的就是得月楼。新厦在对街，1982年以苏州菜馆的原址，采苏州园林式建筑改建，我们游罢周庄、同里、甪直后，在这里晚饭，菜有八小单盆、蟹粉虾仁、水煮鲈鱼片、三丝银鱼羹、樱桃汁肉、腰果鳝片、得月子鸡、生炒甲鱼、椒丝通菜、茭白豆仁、松鼠鳜鱼、砂锅野鸭、点心两道、水果，也是一席苏州春天的酒菜。生炒甲鱼过去在杭州有个小店里吃过，但不如得月楼的鲜嫩味美。

后来我又去得月楼小酌，因为得月楼采庭园建筑，楼下的小吃部也很雅致，厨房现代化，隔着一块大玻璃，烹调的过程看得清清楚楚，点了春笋腌笃鲜、虾爆鳝、炒虾丝和拌马兰头几味下酒的小菜，又点了清蒸刀鱼，现在正是阳春三月吃刀鱼的季节。刀鱼平日栖于江口近海处，每年三月集游入长江中下游的淡水湖川产卵。清明前最佳，刺软，过时刀鱼的刺就变硬了。

刀鱼，又名鮆鱼，陶朱公《养鱼经》云："鮆鱼，体狭薄而首大，长者盈尺，其形如刀，俗呼刀鲚。"杜甫有诗所谓"出网银刀乱"，指的就是这种刀鱼。苏东坡也说"忽看收网出银刀"。自来认为清明前后的刀鱼，味美甚于河豚或江鲈，宋刘宰有诗云："芼以姜桂椒，未熟香浮鼻。河豚愧有毒，江鲈惭寡味。"李渔就认为刀鱼是"春馔妙品"，他说："食鲥鱼及鲟鳇有厌时，吃刀鱼则愈嚼愈美，至果腹而不能释。"刀鱼虽味美，惜多刺易卡喉咙，所以刀鱼又称"骨鲠卿"。治刀鱼宜先去其刺，一是烹熟后，庖人以手摸去卡刺，正如林兰痴《邗江三百吟》所谓"皮里锋芒肉里勾，精工搜剔在全身"。二是取生料净鱼肉烹制，至于清蒸则保持其原形，卡刺自理。扬州名肴双皮刀鱼，则是烹熟后去骨后料理，除此之外还有白炒白刀丝、八宝刀鱼、出骨刀鱼球。江阴的去骨刀鱼煨面，是钱宾四先生念念不忘的妙品。

多年前，自香港回台湾，带了四瓶莼菜，到外双溪素书楼，拜谒宾四先生，夫子大悦，但却兴了莼鲈之思，大谈江南美馔，尤其对江阴的刀鱼面，汤浓面鲜，难以忘怀。我侍夫子，因性驽才拙，甚少问学，奉烟侍馔而已。夫子爱江南，独钟苏州。那次去苏州，访耦园夫子著书处，低回留之不能去，归来禀告，宾四先生默然良久。宾四先生不能回姑苏，逝后归骨西山，面向烟波的太湖，终于了却他多年心愿。我这次访西山，因时匆匆，没有探询到墓园的确址，不能前往拜祭，心里十分愧歉。恰巧宾四先生女公子钱易来苏州开会。当晚偕其在苏州的幼妹钱辉来访，约定下次如再去苏州，将同访洞庭西山。

虽然，我不善食鱼，尤其是多骨的鱼。但那盘清蒸刀鱼，配古越龙山半斤，竟被我慢慢拨弄着吃罄了。

案：这年重阳，又去苏州，内人偕行，谒钱宾四先生墓园归来，饭于石家饭店，得尝鲃肺汤，然味不如前。

烟雨江南

这次去苏州，正是清明前后，清明时节的江南是有春雨的，那春雨早已飘洒在诗人的诗句里。淅沥的春雨，滴答在旅店的檐外阶前，又添了几许闲愁。不过绵绵的春雨也有歇的时候，但天空灰沉沉的，飞着几行细如牛毛的雨丝，偶尔也会放晴，出现一片蓝天和阳光，空气里弥漫着水汽，雾雾蒙蒙的。蒙蒙的水汽，仿佛孕育着一股生命的跃动，菜花黄了，桃花红了，杨柳也绿了。燕子低翔过青青的田野，青青田野里色彩也丰富起来。这些年已看尽世态的炎凉，却很少体会到季节春秋的变换，没想到现在早已被我遗忘的江南的春天，竟悄悄在我身旁展现了。

再到苏州，不是为了探幽览胜，为的是一圆少年时的梦。经过几位朋友的穿引，分别了五十二年的少年玩伴，在过去分别的地方再作一次聚会。从各地来聚的竟有三十多人。我得到消息，于是似孤雁自海外飞来。虽说人生尽是悲欢离合，但这样当年离别时，正是少年十五十六时，现在再聚，都已历经沧桑白发皤然了，真的是人生难得几回聚。

当年我们相识相聚，偶然但也不偶然。因为大家都欢喜戏剧，组织了一个苏州戏剧研究社，准备排戏对外公演。但剧社成立了，却没有适当的社址。当时我家的宅第很大，两幢前后相连的洋楼，我独据后楼。后楼有一间不小的卧房，相连一间很大我却不常用的书房，书房外是个很宽敞的阳台，而且后楼有单独的楼梯上，和前楼的家人不相干扰，这里就成了剧社的社址。至于排戏练歌习舞，花园里有间堆放燃料柴火的房子，还有一半空着，面积很大，够大家翻腾的。花园有两亩来地，柴房在花园一隅，再吵也吵不到旁人。现在这片宅第与花园，已成了苏州第二人民医院了。

最初剧社的社员有三四十人，数我最小，只有十五岁。但其他的也不大，都在高中或大一就读，最大的也不满二十。社址和排演的场所都有了，大家凑在一起，计议着公开演出，但小孩子不能演大戏，最后选择一个儿童剧《巨人的花园》。经过三四个月的排演和准备，最后终于公演。演出的地点，就在我现住的乐乡饭店对面的一个小剧院，当然现在早已拆除了。这次虽然是初演，而且又是儿童剧，却非常成功，场场客满。

我在《巨人的花园》里担任一个非常吃重的角色，是个反派，专门帮助巨人搜刮与欺压花园附近的良民。这次聚会竟看到我当年的剧照，穿着一套京剧《时迁偷鸡》的黑紧身戏衣，头发披散，三角眼，两撇八字胡，的确很坏的样子，不知当时小小年纪怎么会扮出这个坏样来。不过，反映却非常好，看戏的小朋友都叫我坏胡里。胡里是剧中人的名字。

这次演出虽然成功，但经费短缺，一时无法做第二次公演。但剧社却没有闲着，继续对剧本，并且支援苏州的中学或大专演出晚会。在东吴大学的晚会上，唱过黄河大合唱，朗诵了田间《她也要杀人》的叙事诗。我还被派到江南助产护校，导演过李健吾的独幕喜剧。并且临时被拉去客串一幕大戏里的父亲，因为这个学校都是女孩子，没有谁愿意反串老头，我看了看剧本，没有排演就上场了，竟然没有出岔。我一连多天没回家，也没有上学，晚上就在她们的教室，拼几张桌子就睡了。这个学校是个旧宅第改的，夜来风雨，我躺在硬板桌上，听着檐下淅沥的雨声，心想还只有十五岁，既做导演，又演人家的爸爸，真的是成熟得太快了。

是的，的确成熟得快了些，而且也能处理些临时发生的事故。后来剧社到常熟公演，我和另一位学长作为先遣人员，先到常熟筹备，包括接洽剧场、安排剧社四五十人的食宿，还得到街上贴海报。等公演时候繁杂的事更繁杂，既要上台演出曹禺的《正在想》，虽然是个独幕剧，我在剧中演的班主是主角，同时还得应付难缠的荣誉军人。荣誉军人就是伤兵，是当时的十大害之一。一袭灰的外套，胸前缀着个红色的大十字，乘车、看戏不用票，而且人数众，我们在常熟演了三天六场，一半的位子划给他们外，还专为他们加演了两个早场，不然就要砸场子。散了戏他们就接我去喝酒，他们喝老黄酒，我喝酒酿，但酒酿喝多了也会醉的，可是不能不喝，这是应酬，真的是人已在江湖了。

那时为了演戏，学校已经很少去。不过，却读了不少杂书，包括艾思奇的《你是人，不是那鱼》的那种书。不知为什么欢喜起长短句的新诗来，而且也学着写。因此，读了《七月诗丛》，田湜编的《诗创造》诗刊，艾青的《向太阳》《大渡河之歌》，普希金和马雅可夫斯基的诗，不过我欢喜的还是冯至的《十四行集》。这本诗集一直带在身边，后来我十六岁在嘉义被捕下狱，冯至的《十四行集》也被搜去了。小说比较欢喜老舍的，包括他的《老牛破车》在内，当时他出版的一系列小说都买齐了。翻译小说是《钢铁是怎样炼成的》和《静静的顿河》。还有曹禺的《雷雨》《日出》和师陀《大马戏团》的剧本，即使走在路上嘴里也念念有词，背的是剧中的台词。不然，就哼《茶馆小调》或"山那边呀，好地方"。

不过，我并不知道山那边在什么地方，但现在还记得其中的歌词："山那边呀，好地方，一片稻田黄又黄，大鲤鱼呀，满池塘。老百姓呀管村庄，大家唱歌来耕地呀，万担谷子堆满仓……"这是山那边的欢乐景象。但却没有人告诉我们山那边在什么地方，就像当时许多电影的结局那样，一群青年人走了，走在遥远漫长的路上，突然阴霾的天空，出现一线阳光，阳光正照在他们年轻喜悦充满希望的脸上，他们要到哪里去呢？也许就是"山那边"。

当时的电影往往是没有"剧终"字样的，一种是青年到"山那边"去，一种是最后出现个大"？"号，电影是反映现实的，留下一个问号等你回家慢慢想。就像昆仑公司出品，由蓝马、上官云珠、吴茵主演的《万家灯火》那样，最后上官云珠和吴茵婆媳争吵后，各自离家出走了，身为丈夫与儿子的蓝马，坐着三轮车，在万家灯火的上海街头寻找他的亲人，一脸凄惶茫然，故事就这样结束了，却留下一个大问号，这个问号，当然不是让观众去想他是否找到了母亲和妻子，没有那么简单了。

现在已经知道，昆仑公司是当时那边地下党办的电影机构。出品的电影虽然不多，但都是些动人心弦的好片。尤其是由蔡楚生导演，白杨、陶金、舒绣文、上官云珠、吴茵、严工上等主演的《一江春水向东流》。片子分"八年离乱""天亮前后"上下两集，具体反映了抗日战争及胜利后的现实问题。很多人都去看了，但都是涕泪交流红着眼睛出来。我们大伙也去看了，但事先约定是去观摩演技的，不能像一般观众那样流泪，谁哭就请大家吃馄饨，后来馄饨是吃了，却是各付各的钱。

苏州是座千年的古城，被厚厚的城墙环绕着，虽历经劫难，但城里人的生活改变不大，就像我们剧社这一伙，家庭衣食无忧，生活既平淡又平静，很难感受到山雨欲来风满楼的。但现在风雨真的来了，就像那时石挥在北局的金星戏院主演的《升官图》那样，幕启后，他听罢窗外风雨声中，隐隐传来的凤阳花鼓歌，然后感叹地说："十年九荒，十年没有荒九年，倒整整闹了十年的兵灾。"那时抗日烽火乍歇，紧接着又是战乱连年，大家都盼望着没有战乱的日子，于是，"山那边呀，好地方"就隐隐浮现了。但从我们生活的地方，要过渡到山那边去，中间要经历一个过程，那就是革命。所谓革命就是突破现状，创造另一个生活环境，简单说就是毁灭与新生。但毁灭以后如何新生，大家无法也无暇思考这个问题，就被催促着走上革命这条路。

就在这个当口，我离开大伙远去。一去就是半个世纪，现在我又回来，就像在我们聚会最后的午宴上，唱的那两句戏词："弟兄们分别五十春……"这是《四郎探母》兄弟相会时，杨四郎的唱词，不过，我将"十五春"改成了"五十春"，其间有更多难诉的离情和悲怆。

这次来苏州，住在乐乡饭店。乐乡饭店对面就是我们演《巨人的花园》的戏院，虽然戏院早已拆了，但还有几许往日情怀可索寻。当我离开乐乡饭店转过北局，穿过观前街，到玄妙观后面的大鸿运，和大伙相聚时，很难诉说当时的心情是悲是喜。这一带是当年大伙常流连的地方，虽然现在已有许多改变，但还是非常熟悉的，就像熟悉自己身体的一部分那样。我踩着玄妙观的石板路走着，许多年轻欢笑的身影，刹那间涌现眼前，然后摸着自己被风吹散的满头白发，心想现在大家也该和我一样，都是少年弟子江湖老了。

是的，现在大家真的是少年弟子江湖老了。当我登上大鸿运的三楼，站在大厅外朝里望，厅内已聚集了许多老先

生和老太太，竟然看不出一个往日的旧相识。我生怯怯走进
大厅，昨天撑着我名字的旗子，到车站去接我的朋友，发现
了我，喊着："逯耀东来了。"于是大家拢了过来，我望着他
们，真是"纵使相逢应不识，尘满面，鬓如霜"了，这些往
日的旧相识，现在已经不相识了。但我定睛再看，又捕捉到
昔日的笑容和美丽的眼神，立即喊出他们的名字。于是，我
们握手，把肩，相拥。

然后，我们坐下来，喝茶，嗑着瓜子，缓缓地诉说着往
事，也许我们现在大家都一把年纪，留下的只有回忆了。虽
然在座三十多人各人都有一段难忘的往事，但现在大家回忆
的往事，却都集中在我们演戏的那段日子。刹那间时光倒退
到我们欢乐的少年时，并且在那里留住了。是的，也许我们
都各自拥有不同的悲伤或欢乐的记忆，但大家共同拥有的却
不多。谈着说着，不觉暮色已从窗外悄悄透入。最后剧社的
女社员集中在一起，在暮色里唱了一曲《黄河谣》，虽然她
们的年事已高，但那歌声却婉转幽幽，一似当年大家唱《黄
河大合唱》时的光景。

往后几天，一串充满感情的旅程，随着展开了，我们在
烟雨蒙蒙中，走访苏州城内的庭园，市郊小桥流水、绿柳桃
花夹岸的古镇，当我们访问太湖西山的石公山，爬到山顶的
茶亭，沏了一杯新焙的碧螺春，慢慢啜饮着，五位当年在常
熟演出时，跳新疆舞曲的女社员聚在一起，唱起"我的青春
小鸟一去不回来"，现在她们都是人家的祖母了，她们唱着

跳着，从她们的歌声和舞姿，仿佛看到当年红裙白衫、发系红色花带的五位小姑娘，在舞台上妩媚地唱着跳着……

随着她们的歌声，我悄悄步出亭外，亭外的雨已歇，千朵带雨的桃花，含着晶莹的雨珠，在微风中摇曳着，山下岸边万条雨后的新柳在风中飘荡，绿柳外是浩瀚的烟波太湖。这是春天，是江南的春天，我们都在江南的春天里留住了。留住的是一伙平凡的人，共同拥有的一格历史场景。

钱宾四先生与苏州

　　钱（穆）宾四先生逝世十年了。今年春天我去苏州，在烟雨蒙蒙的清明前一天，访洞庭西山，想到宾四先生墓上祭拜，但因没有确切的地址，而又天雨路滑，未能如愿。中秋后去苏州，终于在重阳后五日，一个秋高气爽的日子，来到西山夏镇俞家宅村后的小丘上，奉上一束鲜花，拜祭宾四先生。宾四先生的墓后枕青山，前对烟波浩瀚的太湖，下面是一片结满金黄果实的橘园，没有想到宾四先生在海外多年，最后终于埋骨他长久思念的苏州，在洞庭西山永远安息了。

一、紫阳书院的日子

　　对杜荀鹤《送人游吴》诗所谓"君到姑苏见，人家尽枕河；古宫闲地少，水港小桥多。夜市卖菱藕，春船载绮罗；遥知未眠月，乡思在渔歌"的苏州，宾四先生有太多的思念。虽然他在苏州前后生活的时间并不长，但却深爱那种恬淡的生活情趣，甚至最后想终老于苏州。宾四先生《师友杂忆》说：

乱世人生，如同飘梗浮萍，相聚各为生事所困，相别各为尘事所牵，所学又各在变触中，骤不能相悦以解。傥得升平之世，即如典存（汪懋祖，苏州人，留学美国，曾任北平师范大学校长，后任苏州中学校长）、瞿安（吴梅，一代昆曲宗匠，著作斐然）、颖若（沈昌直，喜诗，尤爱东坡诗，宾四先生无锡三师同事，后同时应聘苏州中学）诸老，同在苏州城内，度此一生，纵不能如前清乾嘉时苏州诸老之相聚，然生活情趣，亦庶有异于今日。生不逢辰，此大堪伤悼也。

宾四先生是民国十六年秋季，由无锡第三师范旧同事胡达人的推荐，到省立苏州中学来教书，时年三十三岁。省立苏州中学是当时全国著名的中学，初中部在草桥，高中部在三元坊紫阳书院的旧址。王国维就曾在紫阳书院教过书。

紫阳书院创于清康熙五十二年，由巡抚都御史张伯行所建。当时康熙提倡朱熹之学，钦定《紫阳全书》，用以"教天下万世，其论遂归于一"。朱熹别号紫阳，以紫阳为书院名，是朱学的正宗。其后江苏布政使鄂尔泰，于雍正三年重修紫阳书院，并建春风亭，常与士子吟诗作赋于亭中。后来乾隆六下江南到苏州，都到紫阳书院题字作诗。据《吴县志》载紫阳书院初建近二百年，掌院二十九人，都是名重一时的博学鸿儒，钱大昕曾做过紫阳书院的掌院。掌院就是院长。

宾四先生的《师友杂忆》说：

> 苏州中学乃前清紫阳书院旧址，学校藏书甚富，校园亦
> 有山水。出校即三元坊，向南右折为孔子庙，体制甚伟。其
> 前为南园遗址，余终日徜徉其田野间，较之梅村泰伯庙前散
> 步，尤胜百倍。

苏州人称孔庙为文庙，据《吴县志》宋景祐元年范仲淹
任苏州知州，奏请"建先圣庙于吴"。并将其购自钱氏的南
园土地让出，兴办苏州府学。府学建筑与孔庙平行。苏州府
学成立后，范仲淹礼聘大儒胡瑗（安定）来苏州讲学，苏、
湖两州士子千余人受教。后来著名的理学家程颐、程颢也来
听讲。明徐有贞《苏州兴学记》云："苏州郡学甲天下，有
儒学规制之称。"其后形成苏学。王鏊称苏学"深广巨丽天
下第一"。宾四先生俯仰在这种学术气氛的环境之中，也许
其日后的宋明理学、晚年的《朱子新学案》，已在酝酿了。

至于范仲淹购自南园之地，是五代吴越时，苏州刺史钱
元璙的旧宅第。《九国志》说钱元璙"颇以园池花木为意"，
而创建"南园、东圃诸别第，奇卉异木，名品万千"。范仲
淹《南园》诗云："西施台下见名园，百树千花特地繁。"不
过，后南园至北宋末渐渐没落，园中亭台倾圮，更遭建炎
战火。盛况已不再，但余韵尚存。明高启《姑苏杂咏·南

园》云:"园中欢游恐迟暮,美人能歌客能赋。车马春风日日来,杨花吹满城南路。"至清末更见荒芜。袁学澜诗所谓"凤阁云亭渺旧迹,只余乔木荫清池"。南园一带已变成民居与菜田了。所以袁学澜说:"南园紫陌菜花黄,寥落西池野海棠。"宾四先生晨夕漫步在这"醉乡一角留飞舠,畦菜墙桑别有天"的南园田野之中,怎能不有兴替之感。

出紫阳书院,经文庙向东就是沧浪亭。南园的范围很广,沧浪亭也在其中。沧浪亭原来是钱元璙近戚中吴军节度使孙承祐的别馆,由苏舜钦(子美)以四万钱购得。苏舜钦原在汴京为官,后坐事削职为民,举家南迁,寓居苏州。苏舜钦购地之后,"筑北亭北碕,号曰沧浪焉"。名曰沧浪,意取屈原《渔父》:"沧浪之水清兮,可以濯吾缨;沧浪之水浊兮,可以濯吾足。"并自号沧浪翁。沧浪亭和苏州其他园林不同,沧浪之水不藏于园中,而是葑溪之水,经南园曲折流到园前。沧浪亭筑于园内东首的假山最高处,为康熙时重建。亭柱有一副楹联:"清风明月本无价,近水远山皆有情。"上联出自欧阳修《沧浪亭》诗"清风明月本无价,可惜只卖四万钱。"下联则是苏舜钦《过苏州》诗中的"绿杨白鹭俱自得,近水远山皆有情"。沧浪亭沿水垒石,间植桃花杨柳与碧竹千竿,是临水赏月的最佳处。沈三白与芸娘曾在此赏中秋月。《浮生六记》云:"过石桥,进门折东,曲径而入。叠石成山,林木葱翠,亭在土山之巅,循级而至亭心,周望极目可数里。炊烟四起,晚霞烂然。……携一毯设亭中，席地环坐，守者煮茶以进。少焉，一轮明月已上树梢，渐觉风生袖底，月到波心，俗虑尘怀，爽然顿释。"

这境界正是欧阳修《沧浪亭》诗中所咏的"风高月白最宜夜，一片莹净铺琼田。清光不辨水与月，但见空碧涵漪涟。"宾四先生在苏州中学三年，紫阳书院的学术正宗、南园田野的沧桑变幻、沧浪亭月色的出尘脱俗，是他在苏州的生活情趣的凝聚，也是宾四先生生活情趣的理想境界。

不过，宾四先生在苏州还有另一种情趣。他说："城中又有小书摊及其旧书肆，余时往购书，彼辈云昔有王国维，今又见君。"宾四先生喜聚书，在北平教书的几年，就搜集了五万余册。卢沟桥事变，宾四先生仓皇南下，这一部分书都轶散了。出三元坊向北，过饮马桥就是护龙街繁华所在，当年察院场一带都是旧书铺和书摊。察院场原来是处决人犯的地方，现在竟满溢书香。明清以来江南经济繁荣，三吴地区藏书家辈出，然几经战火，宋元刊刻、明清善本散于坊间，供识者披寻，在堆积如山的书海里觅书。并且与儒雅知书的店主人攀谈，可能是宾四先生在苏州三年生活中最大的享受了。

宾四先生觅得心爱的好书，可能由察院场转入观前街，观前街玄妙观前，是苏州热闹的所在。观前街面对北局，是苏州的娱乐中心，转过去就是太监弄，是苏州饮食集中的地方。太监弄里有吴苑深处，是苏州人吃茶的地方。吃茶也是苏州人生活情趣的一种，苏州有句谚语："早晨皮包水，下午水包皮。"也就是上午吃茶，下午泡澡堂。吴苑深处占地颇广，辟出许多茶室，分别是前楼、方厅、四面厅、书场、爱竹居、话雨楼，后面还有澡堂。吃茶人各选的吃茶地方，较保守的人在桂芳阁吃茶，生意人在三万昌，"少年新进"则在吴苑深处。在吴苑深处吃茶多是士绅、纨绔子弟和教员。

宾四先生在吴苑深处，与友三数人，各据藤躺椅一张，共谈天下事，或身边琐事。吃茶并吃些白糖松子或黄埭瓜子一类的茶食，饿了来客生煎馒头或蟹壳黄、糕团甜食之类，累了到里面泡个澡，闲来无事，则去书场听听评弹。当年苏州著名的评弹艺人，多出自吴苑深处。宾四先生对评弹很有兴趣，他在《师友杂忆》中说：

余在港，某生为余购得吹弹古琴箫笛许多录音带，余得暇屡听之，心有所思。返台北，及此演稿成书，遂续写《中西文化比较》一书，先写在港听各录音带所存想，又得二十篇，亦俨可成书矣。

文中所谓的某生，就是我。我记得那次买的录音带，还是苏州评弹较多，能听懂评弹又喜爱评弹，宾四先生已融入苏州人的生活情趣之中了。我买这些录音带，只想宾四先生消解客中的寂寥，没想到宾四先生竟由此引申中西文化的比较，由此可以想见宾四先生的著作，和他个人的生活情趣是相关的；只是世人讨论宾四先生的学术思想，很少注意到这个问题。

苏州人的生活情趣，是明清以来文化的积累，北伐成功，定都南京至抗战爆发的十年，正是这种生活情趣的最后的发展。以后，这种雅致的生活情趣在八年抗战中破灭，至四九年后天翻地覆变动，连城墙都扒了，苏州人的生活情趣已无迹可寻了。宾四先生在苏州的三年，正是苏州人生活情趣"夕阳无限好"的时期，却被他赶上了。抗战胜利后，我在苏州生活了三年多，上学的学校正面对着沧浪亭，南园文庙一带是散学后嬉戏的场所，北局是看戏看电影的地方，虽然当时少年不识愁滋味，登城四望，似已体会到离乱后苏州的沧桑了。

二、隐居在耦园

宾四先生由顾颉刚推荐，自苏州转北平燕京大学执教，由学术领域的边缘进入学术中心后，就很少回苏州了。民国二十九年，宾四先生在宜良上下寺离群索居一年，完成《国史大纲》后，与汤锡予由河内经香港，潜赴上海，到苏州探母，化名梁隐，又在苏州隐居了一年，宾四先生写给学生李埏的信说：

> 埏弟如晤：七月一别，转瞬将及三月……仆此次归里，

本拟两月即还。奈家母年高，自经变乱，体气日衰，舍间除内子小儿部分在北平外，尚有妇弱十余口，两年来避居乡间，……赖老人照顾；更为损亏。仆积年在平，家慈多病不能奉养，常自疚心。前年自平南奔，亦未一返里。此次得拜膝下，既瞻老人颜色，复虑四周环境，实有使仆不能忽然遽去之苦。顷已向校恳假一年，暂以奉亲杜门，不再来滇。

信末写的是"梁隐手启"，并说"来信寄上海爱麦虞限路一六二号吕诚之（思勉）先生，或寄苏州红海小学转，均书钱梁隐收可也"。这一年宾四先生以梁隐的化名，居于苏州娄门的耦园。他的《师友杂忆》说：

余先撰《先秦诸子系年》毕，即有意为战国地名考，及是决意扩大范围，通考《史记》地名。获迁一废园，名耦园，不出租金，代治荒芜即可。园地绝大，三面环水，大门唯一通市区，人迹往来绝少，园中楼屋甚伟，一屋是"还读我书楼"（按：宾四先生误记，该楼名为"还补读旧书楼"）。窗面对池林之胜，幽静怡神，几可驾宜良上下寺数倍有余。余以侍母之暇，晨夕在楼上，以半日读英文，余半日与夜半，专意撰《史记地名考》一书。

宾四先生又说：

余先一年完成《国史大纲》。此一年又完成此书。皆得择地之助。可以终年闭门，绝不与外界交接，而所居则有园林花木之胜。增我情趣，又可乐此不疲。宜良有山有水，苏州有园林之盛，又得与家人相聚，老母弱子，其怡我情，非宜良可比，洵平生最难得之两年。

在苏州许多园林之中，耦园并不显眼。耦园在苏州城东，仓街小新桥巷内，东向城墙，临内城河，北向东园，三面环水，隐藏在曲折迂回的小巷之内，非常僻静，知者不多，却是一座精致、幽美脱俗的园林。

耦园是沈秉成购得清初保宁太守陆绵涉园废颓的旧址，筑构起来的。沈秉成，字仲复，归安（现浙江湖州）人，咸丰进士，能诗。历任安徽巡抚、两江总督，退官后寓居苏州，筑耦园，与其继室严永华，唱和园中，著有《联吟集》。

沈秉成于同治十三年购得涉园，聘请当时著名画家顾沄，在整治旧址的基础上，设计营构，建成耦园。园成之日，沈秉成赋诗，其《茸城东旧圃，名为耦园，落成纪事》云："不隐山林隐朝市，草堂开傍阖闾门。支窗独树春光锁，环砌微波晚潮生。疏傅辞官非避世，阆仙学佛敢忘情。卜邻恰喜平泉近，问字车载酒相迎。"疏傅，即汉人疏广，与其侄疏受并辞官归里。沈秉成喻其筑耦园，有退官归隐之意。名为耦园，耦，二人双耕之意，耦与偶通，寓意沈秉成与严永华一对佳偶，归隐园中，吟唱终老。东花园无俗韵轩中有副对联："耦园住佳偶，城曲筑诗城。"横额"枕波双隐"隶书，出自严永华手笔，是其写照。

耦园筑构，主人正宅居中，东西两侧各有花园，正宅的主厅是载酒堂，厅宽五间是主人宴客之所。光绪三年东花园建成，沈秉成在此大宴宾客。载酒堂的匾是李鸿裔所题，其后款识云："仲复年兄辞荣勇退，于寓庐垒石种树，名曰耦园。今春东园藻成，同仁等燕集斯堂，遂以载酒堂额之，盖取东园载酒西园醉之诗意。"以唐人诗意的载酒贯穿东西两园，的确非常风雅。载酒堂两侧各有一小门，西门楣写的是"载酒"，东侧门是"问"字。正是沈秉成诗所谓"卜邻恰喜平泉近，问字车常载酒迎"。平泉，即唐李德裕的平泉别墅，借指耦园旁近富丽的拙政园。至于问字，典出黄庭坚诗："客来问字莫载酒。"

由正宅载酒堂东侧问字门，经过一个小天井，由无俗韵轩步上樨廊就进入东花园了。樨就是桂花，廊端种了几株桂花，入秋之后廊上桂花幽香浮动醉人。东花园是耦园的精华所在，主建筑是城曲草堂。城曲草堂在东花园的北隅，宽大高敞。城曲，典出李贺诗"女牛渡天河，柳烟满城曲"，而耦园在苏州城的东北隅，就是城曲了。至于草堂，唐杜子美有浣花溪草堂，卢鸿隐于嵩山草堂。沈秉成以此命名，意在其夫妇隐于城曲，不再复出了。城曲草堂楼高两层，中间是大厅，旁边是还砚斋与安乐园，扶梯而上，就是补读旧书楼与双照楼。城曲草堂，这是主人沈秉成夫妇宴客、读书、写诗、作画，或与家人欢聚嬉戏的休闲所在。

补读旧书楼，又名鲽砚庐，据说沈秉成在京师得石一块，剖开后内现鱼形，于是制砚两方，夫妇各执其一，吟诗作画，其乐融融。沈氏夫妇有诗云："挥毫漫写深情帖，泼墨堂开称意花。"还补读旧书楼中间原悬有一副对联："清閟云林题阁，英光米老名斋。"出自乾嘉画家方一纲的手笔。其意喻还补读旧书楼的藏书，可与元末画家倪瓒的清閟阁、宋书法家米芾的英光堂媲美。不过，补读旧书楼仅是主人藏书的一部分，西园还另有藏书楼的院落。这里就是宾四先生隐居苏州一年读书著述的地方。补读旧书楼在双照楼上，是城曲草堂最东端的建筑，三面临窗，面南而立，可得日月双照。宾四先生在补读旧书楼读书著述之余，可览窗外东园与运河的夕照，又可赏楼下园中的月色。

城曲草堂前月台，可通往园内的黄石假山，且可借此隔开城曲堂与园中景物的距离，在几株老树的浓荫下，可以静观园中山石水趣。城曲草堂有一联云："卧石听涛满衫松色，开门看雨一片蕉声。"这十六个字已将东花园景物的声色都描绘出来了。城曲草堂南面，就是东花园的主景黄石假山了。黄石假山在苏州林园里别具一格，东西两山间辟有谷道，两侧削壁如悬崖，又似峡谷，石壁上刻石曰邃谷，是入山的通道。曲折向东可至壁下的受月池，池不大，水清澈可以映月，池上有桥曰宛虹杠，清李思有诗云："为园城东隅，流水抱河曲。一桥宛垂虹，下映春波绿。倒影过游人，此景回超俗。"园中楼阁亭榭与景物，由筱廊贯穿相连起来。筱廊，东花园东侧，北接双照楼，南连吾爱亭，再沿受月池，可抵望月亭。欣赏东花园的景色，沿着筱廊行走即可，筱廊依墙而建，有弥补空白的作用，廊傍植丛竹，风来萧萧，雨歇碧翠欲滴。筱廊与槲廊相对有"风过有声留竹韵，月夜无处不花香"的诗意。宾四先生隐居耦园，漫步于东花园的假山花木之间，真似一个隐居山林的幽人了。

每次去苏州，都到宾四先生著书处的耦园，流连半日，往往是低回留之不能去。这次再访苏州，又去耦园，已经是不同的心情了。以往去耦园，宾四先生健在，回台北后向他叙说耦园情况，他听了之后默然良久。这次再访耦园，宾四先生已大去，但楼却不空，双照楼已辟为茶室，沏上一杯，临窗凭吊，耳旁不时有竹丝之声传自补读旧书楼。耦园已不再那么宁静了。

宾四先生的传世之作《先秦诸子系年》，起于民国十二年，前后历九年，最后在苏州完稿。宾四先生在书后的跋文中说：

其先有齐鲁之战，其后又有浙奉之事，又后而国军北伐。苏锡之间，兵车络绎，一夕数惊。余之著书自譬如草间之屠兔，猎人猎犬，方驰骋其左右前后，彼无可为计，则藏首草际自慰。余书，亦余藏头之茂草也。

"余书，亦余藏头之茂草也。"也就是宾四先生隐于动荡离乱之中著述。苏州是一个退隐的城市，城中的园林多是仕途退官的官僚士大夫所设，虽息影山林，但胸中仍存魏阙。他们的退隐田园和宾四先生隐于著述是不同的，他心怀千古，胸中自有山林。宾四先生择地著述，是想将心中的山林与自然的山林合而为一，优游其间，然后而能静能定。这种情况和苏州园林造景相似，苏州的林园构造多出于著名的画家之手。中国传统的山水画和中国传统思想相同，人与自然和谐相处相应。中国山水画不是写生，而是游山玩水归来，将山林融于胸，然后吐于丹青之上，准备异日无暇无法和自然亲近时，展卷浏览和自然作再次亲近，苏州的园林则是将山林具体而微地铺设在园中，供无法和真正的自然亲近时，还有山林可供登临，人与自然合而为一。

宾四先生心中山林和苏州的园林里山林结合，然后有他常常说的"趣味"。生活的趣味是宾四先生著述的重要条件，宾四先生隐居著述的苏州是我熟悉的地方。不过，宾四先生著述的其他地方如台北外双溪的素书楼，香港沙田的和风台、九龙钻石山的凤栖台，北京故宫太庙旁的古柏下，无锡江南大学的太湖边，我都去访问过，这些地方诚如宾四先生说，都是非常有"趣味"的，只有写《国史大纲》的宜良上下寺还没有去过，据宾四先生描叙，那是个非常寂静的场所。宾四先生说："及寒假（汤）锡予偕（陈）寅恪同来，在楼宿一宵，曾在园中石桥上临池而坐。寅恪言，如此寂静之境，诚属难遇，兄在此写作真大佳事。然使我一人在此，非得精神病不可。"寅恪先生和宾四先生心境不同，寅恪先生心怀离乱，无法自遣，终生陷于离乱愁苦之中。宾四先生置身于离乱之外，俯仰于山水之间，正如他游宜良石林瀑布，他说："徘徊流连其下，真若置身另一天地，宇宙非此宇宙，人生亦非此人生。"宾四先生心中自有山林而超越现实世界，因此他对中国文化的过去、现在和未来，没有愁苦，充满乐观与希望，和他所谓的"趣味"有关。

三、归骨洞庭西山

宾四先生最后归骨太湖洞庭西山。洞庭东山和西山孤悬在太湖之中，在连接苏州、东山到西山的太湖大桥没有建成前，东、西山与外间交通非常不便，由西山到苏州乘船起码要两天的时间，因为往来不便，苏州人很少能到那里。于是洞庭西山成为世外的桃源。明代诗人张怡《登洞庭西缥缈峰放歌》云："世人不信桃源记，谁知此是真桃源。其桃源，人罕见。水如垣，山如殿。神仙窟宅尊，羽衲津梁倦。老杀姑苏城里人，何曾一识西山面。"

由于西山偏远难至，因而有很多神秘的传说，自古就是隐士神仙居住的地方。据说汉代的王玮玄、韩崇、刘根（毛公），梁朝杨朝远、叶道昌，唐代周隐遥、周若仙，都曾在这里学道，甚至汉初"商山四皓"的角里先生也和西山有特殊的关系。

范成大《吴郡志》云："甪头，即甪里，在洞庭有山村，汉甪里先生所居。"此条缘自《史记正义》："太湖中洞庭山西南，中号禄里村，即此甪里。"四皓原隐居商山采紫芝充饥。商山在今陕西商县东南，不知为何流传到江南的苏州洞庭西山来了。甪里村在西山西南；或谓甪里是泰伯之后，居于洞庭西山，现甪里村周姓为大族，村中仍有甪里先生的读书处。明高启《甪里村》诗云："我来甪里村，如入商颜山。紫芝日已老，黄鹄何时还。斯人神仙徒，千载形不灭。犹想苍岩中，白头卧松雪。"不仅甪里先生在洞庭西山，另一位四皓之一的绮里先生，也隐于洞庭西山。西山有绮里村，在缥缈峰西麓。《林屋民风》载："绮里村，在上真宫西四里，绮里季隐于此。"清姚承绪《绮里》诗云："上真洞外白云封，遗老商山采药逢。太息石桥空马迹，人间何处觅仙踪。"

在包山坞旁有毛公坞，为神仙毛公得道处。据葛洪《神仙传》载，毛公名刘根，字君安，汉成帝时，曾举孝廉，除郎，后弃世学道，入嵩山石室，闭门修道，冬夏不着衣，身长有绿毛，故人称毛公。或谓刘根得道于广东罗浮山，不知为何到西山聚石为坛修行，可能毛公道行高，"神化恍惚，万里跬步"。陆龟蒙有诗云："古有韩终道，授之刘先生。身如碧凤凰，羽翼披轻轻。"可以来去自如，白居易有《毛公坛》诗云："毛公坛上片云闲，得道何年去不还；千载鹤翎归碧落，五湖空镇万重山。"

　　且不论这些神仙传说的真假，神仙洞府，隐士居处，必在山水佳处，洞庭西山风景优美，提供了这些传说故事的山林背景。唐房琯就说："不游洞庭未见山水。"明袁宏道《西洞庭记》更将西山的山水概括为山、石、居、花果、幽隐、仙迹、山水相得的"七胜"。所以白居易于宝应元年五月任苏州刺史，到了秋天就迫不及待地泛舟太湖了；其《宿湖中》诗云："水天向晚碧沉沉，树影霞光重叠深。浸月冷波千顷练，苞霜新橘万株金。幸无案牍何妨醉，纵有笙歌不废吟。十只画船何处宿，洞庭山脚太湖心。"后来白居易屡屡泛舟太湖游西山，其《夜泛阳坞入明月湾即事寄崔湖州》诗云："湖山处处好淹留，最爱东湾北坞头。掩映橘林千点火，泓澄潭水一盆油。龙头画舸衔明月，鹊脚红旗蘸碧流。为报茶山崔太守，与君各是一家游。"崔湖州即湖州刺史崔玄亮。白居易并将他所欣赏的洞庭西山景色，写诗寄给他的好友元微之。《泛太湖书事寄微之》云："烟渚云帆处处通，飘然舟似入虚空。玉杯浅酌巡初匝，金管徐吹曲未终。黄夹缬林寒有叶，碧琉璃水净无风。避旗飞鹭翩翩白，惊鼓跳鱼拨剌红。涧雪压多松偃蹇，岩泉滴久石玲珑。为书故事留湖上，吟作新诗寄浙东。军府威容从道盛，江山气色定知同。报君一事君应羡，五宿澄波皓月中。""为书故事留湖上"，是说白居易曾在太湖中为上刻石纪事。至于"五宿澄波皓月中"，说他已不止一次采访洞庭西山，以后唐代的皮日休、陆龟蒙，宋代的范成大、范仲淹、苏舜钦，明代的高启、唐寅、文征明，都曾游太湖洞庭西山，并留下脍炙人口的诗篇，于是洞庭西山的消夏湾、明月湾、林屋、缥缈峰等胜景也随着入诗入画。明申时行《晚步缥缈峰》诗云："孤峰缥缈入烟云，十载重来至绝巅。纵目平临三界尽，掇身独傍九宵悬。浮沉岛屿飞海外，断续汀洲落照边。呼取一樽收万象，狂歌欲醉五湖天。"缥缈峰是太湖七十二峰的主峰，在洞庭西山，相传范蠡放舟而去，曾与西施在此望太湖。

所以，洞庭西山不仅有神仙传说，或隐士归隐的山林，更有诗人墨客咏吟的景色。但宾四先生却没有去过洞庭西山，最后埋骨西山，另有机缘。1990年5月28日，宾四先生写给他在苏州工作的幼女钱辉信中，曾提到西山的"湖山胜景"，因为钱辉曾下放到西山教书，当年的西山非常落后艰困，舟车往来不便，钱辉在那里工作了一段时间，对那里的环境很熟悉。钱辉在《哀思无尽，悔无尽》中说："此刻，我想我唯一还能做的是，遵从父亲最后的心愿，尽我所能为父亲觅得一块净土，让父亲得以静听松涛、鸟鸣而安息。"这是宾四先生骨归西山的缘由。

宾四先生的墓在洞庭西山俞家宅村的后山，俞家宅是一个朴实的小村落，几十户都是江南水乡粉墙黛瓦的建筑，巷弄也很整洁，从村后满积落叶的小径登山，山上是种植银杏、栗子和柑橘的果园，银杏和栗子已经收成，小径上还有遗落的栗子，剥开即食，非常甘嫩。柑橘也熟了，累累金黄的果实，满悬在绿色的枝叶间，果园很大而浓密，其间杂有松树和竹丛。这条崎岖山路尽头，豁然开朗，就是宾四先生的墓园了。墓园筑构在一片寸草不生的黑色的太湖石上，太湖石坚硬奇峻，是明清苏州园林造山的最佳石材。墓向太湖，墓前有碑，隶书镌刻"钱穆先生之墓"，碑旁刻有生殁年月："生于民国前十七年，殁于民国七十九年"。宾四先生虽埋骨故园，仍不忘故国。

宾四先生的墓庐在俞家宅村后，庭院宽广，盛开着几株雏菊。楼高两层，登楼处有一丛翠竹，依稀是双溪素书楼园中景物，自二楼扶梯而上，是一小阁楼，室中陈设，沿壁是书架，并有藤躺椅一张，临窗是张大书桌，全是宾四先生素书楼书房陈设，桌上有纸笔，宾四先生伏案疾书著述情景，又重现目前。启门而出，是一个非常宽敞的阳台，可览烟波的太湖，清风明月夜，宾四先生若在此弄箫，幽幽的箫韵，随着湖中起伏的万条银练，飘扬到遥远的清晖云深处，此情此景，对宾四先生最后"天人合一"的定论，会有更深一层的体认。

灯火樊楼

　　《水浒传》第七回《花和尚倒拔垂杨柳，豹子头误入白虎堂》，写到高衙内与陆谦定计，诓林冲出来饮酒，说："林冲与陆谦出得门来，街上闲走一回，陆虞候道：兄长，我们休去家，只就樊楼内吃几杯。当时两人上到樊楼，占了个阁儿，唤得酒保分付，叫两瓶上色的好酒，稀奇果子按酒。"樊楼是北宋汴京最豪华的酒楼。施耐庵的《水浒》，其中的制度与设施虽与宋代吻合，但谈到饮食，写的虽然是宋代，却实际反映了施耐庵自己生活时代的情况，元末明初之际，战乱后的社会经济萧条，他无法写出细致的宋代饮食风貌，所以，对灯红酒绿、夜夜笙歌的樊楼，就轻轻一笔叙过。

　　樊楼，宋室南渡后，诗人刘子翚追忆昔日汴京的旧游，写成《汴京纪事》二十首，其第十七首是《忆樊楼》："梁园歌舞足风流，美酒如刀解断愁。忆得少年多乐事，夜深灯火上樊楼。"道出樊楼的风光。孟元老《东京梦华录》叙当年东京汴梁的酒楼说："凡京师酒店门首，皆缚彩楼欢门，唯任店入其门，一直主廊约百余步，南北天井两廊皆小阁子，向晚，灯烛荧煌，上下相照，浓妆妓女数百……以待酒客呼唤，望之宛若神仙。"

至于樊楼，近禁苑，《能改斋漫录》说："在宫城东华门外景明坊。"樊楼原名白矾楼，南京商贩售白矾于此，后改为酒楼称樊楼。樊楼有专酿的美酒，名为眉寿酒与和旨酒，远近闻名。徽宗宣和年间，为粉饰太平，在内城兴建忻乐、和乐、丰乐三大酒楼。丰乐酒楼即由樊楼扩建而成。扩建后的樊楼，《东京梦华录》说："更修三层相高，五楼相间，各有飞桥栏槛，明暗相通，珠帘绣额，灯火晃耀。"初开张的数日，"先到者赏金旗"。又说："过一两夜则已，元夜则每一瓦陇中皆莲灯一盏。"不过樊楼的西楼却"禁人眺望"，因为第一层可以"下望禁中"。不过，禁人登楼眺望，还有另外一个原因，据《宣和遗事》谓西楼设有御座，宋徽宗与名妓李师师常饮宴于此，而禁士民登临。

所以，樊楼的这种华丽风情，不是施耐庵所能理解的。汴京的风华我常在《东京梦华录》的书中读到，在《清明上河图》画里追寻，总想有机会到中州去看看。恰巧有朋友组织了个旅行团，由西安经黄河的壶口，过三门峡到洛阳、开封、郑州。于是报名参加，欣然就道。

一、又去长安

这次旅行的第一站是西安。西安我是去过的，先是

1989 年，买了机票，定妥旅馆，因为当时情势一日数变，没能去成，飞机票和旅馆钱，都报废了。第二年更去长安，在那里住了十天，因为住的旅馆在市中心区的钟楼附近，南院门、北院门近在咫尺，走几步就到繁华的东大街，吃喝都非常方便，的确吃了不少当地的小吃。归来时还带了三斤腊羊肉，二十个饦饦馍。余味未了，写了一篇《更上长安》以纪其事。

这次到西安已经很晚了，从机场摸黑进了城，经过东大街，又出了城，因为旅馆在城外。放下行李，洗了把脸，才想起还没有吃晚饭，不知到何处去吃，幸好有位来接我们的朋友，带着我们几个同队的伙伴搭车进城，到了一个所在。时近午夜，这条街上还是灯火辉煌，舞厅、卡拉 OK 的霓虹灯闪亮，灯下排列着许多"的"，两旁的饭店生意正旺。没有想到现在的西安有这样红灯绿酒、笙歌达旦的所在，一向宁静的西安古城，在商业经济的催促下，竟然也随俗变装了。

我们进得一家饭店，坐定，叫侍者来点菜。年轻的堂倌过来，没有拿餐牌，带我到柜台后一列长桌子旁立定，指着桌上罗列的盘子和汤碗，盘子和碗里盛着各种不同的材料，一只碗盘是一样菜，主料和配料已经备妥。那堂倌指着桌子上的菜说：看想吃些什么。这种点菜的方式非常特别，材料新鲜与否，搭配的材料为何，一目了然。于是我点了些冷碟小菜，又点煸鳝鱼、菊花鱼、温拌腰丝、糖醋鱿鱼卷与鸡米海参,这些都是陕西菜。陕西菜又称秦菜,有三个源头,一是衙门菜,也就是官府菜,如八卦鱼肚、带把肘子、酿枣肉与升官图等,二是出于泾渭汇集的三角洲的三原、泾阳、高陵等县,而以三原为代表的商贾菜。在陇海铁路通车之前,三原是关中棉、盐、烟、茶的集散地。商贾云集,其菜著名的有煨鱿鱼丝、金钱发菜、方块肉、对子鱼。三是来自民间的地方菜。地方菜来自关中凤翔与大荔东西两府,与汉中、榆林地区,其名菜有东府的莲菜炒肉片、炸香椿鱼、水磨丝,西府的辣子烹豆腐、炝白肉、酸辣肚丝汤,榆林、汉中则有炒鸭丝、豆瓣娃娃鱼、烩肉三鲜,这三种菜在西安汇合后,就形成了现代的秦菜,推陈出新,发展的名菜有奶汤锅子鱼、葫芦鸡、氽双脆、温拌腰丝等等。除此之外,自元代大量回民移居西安,历经明清两代形成的清真菜,其名菜有酸辣牛肚、炸胡麻牛肉、滑熘牛里脊片、红烧牛蹄筋及烩羊脑等,是秦菜另一个重要支系,而清真小吃又是西安饮食的精华。

秦菜在西安形成后,其温拌腰丝又是一绝,是将腰子洗净,切成如粉丝细长的条状,入沸水快速搅拌而成。这是秦菜中炝菜的一种。所谓炝有两个要素,一是将加工成的材料,入沸水或滚油,急速烫过,其动作要快、要速,即汤或油滚沸后投入材料,再滚,立即出锅。火候一定要拿捏得准,否则全盘皆输。其二是以滚烫的花椒油激淋,拌以三末(蒜、姜、酱莴笋末)或三米(蒜、姜、胡椒),快速调拌。

秦菜中有炝白肉、炝肚块、炝青笋、炝冬瓜等，而温拌腰丝制作最难，除了炝的技术外，以细致的刀工将腰片切得细如粉丝而不断，的确需要功夫的。我在案上点这道菜时，是一对完整的腰子与相关的配料置于盆中，取回立即制作上桌，下箸腰丝脆嫩，鲜香爽口。然后我对带我们的朋友说，这味菜有西安饭庄的味道，上次我在西安饭庄吃过奶汤锅子鱼、煨鱿鱼丝、葫芦鸡和温拌腰丝等西安名肴，朋友笑着说这个馆子就是西安饭庄的分店。我闻之大乐，没有想到在这样的深夜，竟能吃到地道的西安美肴。

参加旅行团最大的不方便，就是得跟导游的旗子走，团体活动没有个人的自由。从西安饭庄分店回来，已经深夜两点了。早上六点不到就起身，乘着大家熟睡未醒，我出得旅馆叫了计程车，进城到北院门的回回一条街去。上次到西安常在这条街流连，这条街上集中了许多回民的小吃。不过，我来早了，平日熙熙攘攘、人声嘈杂的这条小街，现在静静悄悄的，许多店家和摊子还没开门。幸好老铁家的腊牛肉摊子开了，案子上摆着大块红艳艳的腊牛肉，十分诱人，腊牛肉刚出锅不久，还是温热的，我走过去来一个才出炉的饦饦馍夹腊牛肉。腊牛肉还像我上次吃的一样"腻而不柴，酥烂不膻，油香满口"。

我手里拿着饦饦馍夹腊牛肉，口中嚼着馍与肉的鲜香，转过一个巷子，去寻找开在路边树下老吴家的水盆羊肉。水盆羊肉又称六月鲜，慈禧太后赐名"美而美"，是西安夏季的应时小吃。吃时下辣面子（辣椒粉），吃得汗流浃背，西安人认为可祛暑。水盆羊肉的确好吃，有人去西安我就推荐。但老吴家没有开门，就到对面老周家店，来了一碗特别水盆羊肉汤，特别就是加料的，另外又加了十块钱的羊肉，真的是饱了。我抹抹嘴上的油，走到十字街口的甑糕的摊子旁，又来了一碟甑糕。

甑糕是中国古老的蒸制食品，因蒸制用的甑而得名，由来已久。在战国时就开始用铁甑了，西安蒸甑糕的甑，还保持原来的形式。甑糕是一层糯米一层枣。吃时再撒层绵糖，是过去西安早晨平价的早点，不过香甜软糯，非常好吃，凡在西安度过童年的人，离开西安后，怀念的就是甑糕。

我太太童年在西安住过十年，上次我们到西安第二天早晨，就在这里找到甑糕。以后在西安的十天，我们常到这里来，站在摊子旁吃甑糕。卖甑糕的是父子二人，那父亲已经七十来岁，瘦小的个子，颔下有把花白的山羊胡，后来他也认识我们了，每次都给我们多加些枣呢。但现在却不见那老者，照顾摊子的是个中年妇，穿得光鲜，而且在摊子后租了人家房屋的一角，摆了两三张桌凳，扩大营业了。我坐下来要了一碟甑糕，座上没有客人，我就和那妇人"谝闲传"了。"谝闲传"是陕西话闲聊的意思。我问那白胡子老者哪里去了。那妇人道："你问的是娃的爹的爹，死了。"娃的爹的爹，是孩子的祖父，她就是那老者的儿媳了。娃的爹的爹死了，甑糕的味道也变了，加了许多其他的东西而改称八宝枣糕，而且有真空包装的甑糕出售，我买了四包带回去。后来又到老铁家的摊子，买六包腊牛肉，也是真空包装，现在真的进步了，食品都真空包装。晚上逛夜市，又买了几包真空包装的驴肉，只是吃起来不如原味好吃。

晚上又是叫了计程车，单独一个人去逛夜市，车子拉我到西安最大的夜市，几条街都是小吃摊子，灯火通明，人声喧哗。但这些小吃摊子卖的都是香港海鲜料理，当然不是香港那种生猛海鲜。奇怪的是现在大陆流行吃海鲜，中午一位朋友请吃饭，竟以活龙虾沙西米（龙虾刺身）待客。好不容易在夜市的尽头，找到一家牛肉丸子汤的摊子，于是坐下来，要了碗丸子汤，两只水煎包，在旁边的摊子要了一碟钱钱肉，钱钱肉就是驴鞭，还要了烤羊肉串、一大杯冰生啤酒，独自啜饮起来，小桌小凳颇有情味。正在我低头饮酒时，突然临桌唱起《走西口》来，我抬头看见一位身着浅蓝色秧歌装、头缠黄巾的卖唱者，正在引颈高唱，那歌声高亢凄婉。伴着路对面摊子上卖唱拉二胡的，拉的是《二泉映月》，琴声悠悠，长安的夜，似已深沉了。

二、壶口遐思

清晨离开西安，车子在塬上盘旋而下，下得塬来已近黄昏，等到了壶口时，是晚上八九点钟了。入夜之后，车子在黑暗中行进，车窗外一片漆黑，也不知前路何处，实在单调得紧。待车子转过一条山路，突然发现远处有一幢被霓虹灯环绕、闪着五彩光芒的建筑物。四下没有灯光，这幢建筑物孤立在无边的黑暗里，使我想起夜半灯火的樊楼来。这个建筑物就是我们今晚投宿的壶口宾馆了。

壶口是黄河最狭窄的地方，黄河奔腾向东流，前路突然被阻，翻腾叫嚣着涌出来，形成了壶口的景象。过去看电视里的壶口，浪花翻涌，声似雷鸣，没有想到今夜竟住宿在其旁。一路车行颠簸，已经疲倦，吃罢晚饭入房清洗后，准备就寝了。但水声隆隆，使我无法入睡，于是起身推窗外望，窗外的月光自微云里现出，映着对岸的灰暗如刀削的壁崖，这是千万年黄河水冲刷的结果，我也跌落在历史的沉默里。于是坐在灯下，燃着一支烟，烟雾缭绕，不由想起昨晚西安的夜市，又想到明天就要到中州了，开封夜市也许比西安可看可吃得多。孟元老《东京梦华录》笔下汴京的夜市繁华热闹景象，似在眼前隐隐出现了。

北宋以前，中国城市的建构，不论都会或城镇，基本上实施坊市分离的制度，坊是居住区，市是贸易区。唐代长安有108坊和东西两市，但东西两市和居住的坊里相较，就显得狭小很多。而且坊里与市集之间，有坊墙相隔，每一个坊里都有坊墙，形成长安城内城中有城，但唐末到宋初，由于战乱，经年失修的坊墙毁坏。坊墙倾废之后，市民面街而居，临街设市，坊墙已失去原来防卫的功能。临街设市以后，市区扩大到全城，大街小巷都成了商业经营之区。虽然坊里制度的破坏，还有其政治和经济的原因，但经历了长时期的转变，到北宋都城汴梁，已由过去封闭的坊里制度的城市，转变为全城开放的都市了。

因此，汴京成为一个商业繁盛的城市，街道两旁，商店林立，甚至御街两旁的御廊，也允许开店营业。州桥以南的御街，两旁有酒楼、饭店和其他的营业，市面繁荣，形成闹市。州桥以西的西大街，东华门大街，西角门以西的踊路街，也是东京最繁华的所在。各河道的桥头或桥的两旁，摊贩拥挤摆设，人车往来形成一个桥头市场，张择端的《清明上河图》绘出环绕厝桥四周的桥头市场，商业繁盛，人口稠密，舟车辐集的繁华景象，也反映了北宋东京经济与社会文化生活的一页。北宋汴京市民的生活，不仅鲜明生动地保存在《清明上河图》之中，周密的《武林旧事》、灌园耐得翁的《都城纪胜》、无名氏的《西湖老人繁胜录》、吴自牧的《梦粱录》、孟元老的《东京梦华录》也都保存着北宋和南宋的两京——汴京和临安的繁华的生活资料。尤其孟元老的《东京梦华录》，使后人对东京人民的生活，尤其对当时的饮食生活有进一步的认识和了解。

饮食业是东京汴梁最繁盛的行业之一，饮食业行会的组织分成从食行与饪饼行。《东京梦华录》载当时东京的饮食有北馔、南食与川饭。北馔是在地饮食，南食和川饭则是外来饮食。《萍洲可谈》说："大率南食多咸，北食多酸。四边及村落人食甘，中州及城市食淡。"全国各地的美食佳肴汇集汴京之后，相互比较，突现出各自不同的地域风格。《东京梦华录》说这些饮食店，大的谓"分茶"，其所出菜肴食品有头羹、石髓羹、白肉、胡饼、软羊、大小骨、角炙䐦腰子、石肚羹、入炉羊、罨生软羊面、桐皮面、姜泼刀回刀、冷淘棋子、寄炉面饭之类。

至于川饭店所售，则有插肉面、大燠面、大小抹肉、淘煎燠肉、杂煎事件、生熟烧饭等等。南食店所售，则有鱼兜子、桐皮熟脍面、煎鱼饭等等，这些饮食店，"每店各有厅院东西廊，称呼座次……菜蔬精细，谓之造虀，每碗十文，面与肉相停，谓之合羹，又有单羹，乃半个也。旧只用匙，今皆用箸。"这些南食店以寺桥金家、九曲子周家"最为屈指"。而相国寺之北甜水巷内的"南食最盛"。北宋东京出现这么多南食店，吴自牧《梦粱录》说："向者汴京开南食面店，川饭分茶，以备江南士大夫，谓其不便北食故也。"

这些南食店与川饭分茶，纷纷在汴京开设，为了方便北方的南方人不习惯北方饮食，是一个原因。北宋统一五代分裂的局面后，南食得以北传，欧阳修《初食车螯》诗中说："五代昔乖隔，九州如剖瓜。东南限淮海，邈不通夷华。于时北州人，饮食陋莫加。鸡豚为异味，贵贱无等差。自从圣人出，天下为一家。南产错交广，西珍富邛巴。"天下一家之后，南方的海味运到北方来，四方的美味珍馐，都汇集到汴京来，这也是《东京梦华录》所谓当时汴京"会寰区之异味，悉在庖厨"。最初官僚士大夫及富商大贾，嗜食南方的海鲜，后来渐渐普遍到社会各阶层，这是南食店在东京兴起的原因。

虽然南食及川饭在汴京流行，但并没有影响北食的主导地位，汴京有许多北食店如徐家瓠羹店、马铛家羹店、史家、桥头贾家瓠羹店，都是以卖羹为主的食店，馒头有"在京第一"的万家馒头、孙好手馒头，包子有王楼山洞梅花包子、鹿家包子等包子馒头店，另外还有油饼、胡饼店，这些饼店的规模很大，而制作也非常专业化。《东京梦华录》卷四《饼店》云：

凡饼店，有油饼店、胡饼店。若油饼店，则卖蒸饼、糖饼、装合、引盘之类。胡饼店则卖门油、菊花、宽焦、侧厚、油碢、髓饼、新样、满麻。每案用三五人捍剂、卓花、入炉。自五更桌案之声远近相闻。唯武成王庙海州张家，皇建院前郑家最盛，每家有五十余炉。

馒头、包子、饼是北方人的主食，上述张家、郑家饼店，烘烤饼类的炉子就有五十余座。且捍剂、卓花、入炉各有专人负责，制造不同种类的饼类，他如曹婆婆油饼、张家油饼，也都是京师著名的饼店，反映出对于这种饼类的食物，食者众多。饼类原为北人的主食，每个家庭皆可制作，现在竟购于街市，也说明东京汴梁由于商业繁荣，出现了大批的外食人口，也是孟元老所谓："市井经纪之家，往往只于市店旋置饭食，不置家蔬。"

东京汴梁不仅是北宋政治的首都，也是全国商业经济的中心。这个政治和经济结合的都会，是中国城市发展由中古过渡到近世都会重要的转变。由于商业的繁荣，促进了饮食业的发展，上述的饮食行业南北杂陈，内容丰富，也是中国饮食文化发展中，第一次南北大规模的交流。这些饮食店是一般市民消费的地方，至于高消费的酒楼，就不是平常一般百姓家去的地方了。包括樊楼在内，东京大的酒店或酒楼，在北宋末年有七十二家，这些大型的酒店都高层楼房建筑，并且造酒兼卖酒，资本雄厚，规模庞大，非一般饮食店可比，称为正店，沽酒贩卖较小的酒店为脚店，《东京梦华录》卷二《酒楼》条下：

大抵诸酒肆瓦市，不以风雨寒暑，白昼通夜，骈阗如此。州东宋门外仁和店、姜店。州西宜城楼、药张四店、班楼，金梁桥下刘楼，曹门蛮王家、乳酪张家。州北八仙楼，戴楼门张八家园门正店，郑门河王家，李七家正店，景灵宫东墙长广楼，在京正店七十二家，此外不能遍数。

除了正店之外，余下的就是脚店了：

卖贵细下酒，迎接中贵饮食，则第一白厨，州西安州巷张秀，以次保康门李庆家，东鸡儿巷郭厨，郑皇后宅后宋厨，曹门砖筒李家，寺东骰子李家，黄胖家。九桥门街市酒店彩楼相向，绣旆相招，掩翳天日。政和以来，景灵宫东墙下长庆楼尤盛。

这些都是著名的脚店，当时东京的脚店当然不止此数，宋仁宗时，樊楼卖官䅶五万斤酿成眉寿酒与和旨酒，《宋会要·食货》云："出办课利，今在京师脚店酒户拨定三千户，每日于本店取酒沽卖。"樊楼即有脚店三千，所谓"燕馆歌楼，举之万数"。

这些酒楼或酒店"其果子菜蔬，无非清洁，若别要下酒，即使人外卖软羊、龟背、大小骨、诸色包子、玉板鲊、生削巴子之类"。孟元老并举列当时酒楼各类菜点名目如两熟紫鱼、茸割肉、炊羊、炒蛤蜊、煠蟹、煎炙獐、鹅鸭排蒸、荔枝腰子、酒蟹等不下二百种。可谓山珍海味皆备，时果铺俱有。而且"诸酒店必有厅院，廊庑掩映，排列水阁子，吊窗花竹，各垂帘幙，命妓歌笑，各听稳便"。彭乘《墨客挥犀》云："当时侍从文馆士人大夫，各为燕集，以至市楼酒肆，往往皆供帐为游息之地。"刘攽《王家酒楼》诗："君不见，天汉桥下东流河，浑浑瀚瀚无停波。……提钱买酒聊取醉，道傍高楼正嵯峨。白银角盆大如匾，臛鸡煮蟹随纷罗。黄花满地照眼丽，红裙女儿前艳歌。乐酣兴极事反复，旧欢脱落新愁多……"

想着当年的东京汴梁，想着明朝将车发中州，我渐渐入睡了，窗外月已斜，水声仍隆隆。

三、车发中州

一早起身，就去看壶口的黄河水了。住的宾馆就在壶口瀑布旁，走下台阶，经过一片被冲刷的细沙土地，就到了壶口边，终于看到了黄河在壶口里翻腾。不过却使我非常失望，昨夜听到隆隆的黄河水，心想那黄河水一定是急湍奔腾，气势万千。但临近一看，黄河水从峡谷处奔出，跌落下来，水花四溅，非常平常。几年前有人飞车过壶口，当时看了觉得很惊险，现在站在这边看对岸，虽然是从山西望河南，其实并不宽。

早餐后，登车，车发中州，由壶口过一座桥，就由山西入了河南地。自古以来，河南人认为他们居于中国之中，也就是中国的中心。所以，五岳之一的嵩山称中岳，"中"在河南语言中普遍应用，说"是"为"中"，"不是"是"不中"，"是不是"就是"中不中"，称他们的家乡河南为中州。现在我们要去中州了，要去的洛阳、开封和郑州又是中州之中，而且是中国历史上很多朝代的都城。一路行行看看，在三门峡宿一宵，第二天到洛阳时，已经入夜了，也没有看见洛阳是什么样子。参加旅行团就是这样，昼行夜宿，都在一定的安排之中，很少有个人行动的自由。

所以，像在西安一样，第二天一早起身，出得宾馆，天还没有亮，我揉揉惺忪的睡眼，深深地呼吸一口洛阳早晨新鲜的空气，站在台阶一看，才发现我们住的宾馆孤立在大道边，四周没有住户，更没有街道。于是我下了台阶，招了计程车。上得车来，师傅问我何往，我说也不知道，然后又说我想吃早点，喝碗驴汤。师傅一听笑了，他说："中，我带你去最好的驴锅。"我们就这样上路了。洛阳的马路人行道很宽，道旁种的不是梧桐，而是榆树，树梢在微风中摇曳，往来的行人不多。后来车子在路旁停靠，师傅说这就是驴锅。我邀师傅下车和我一起早点。我们在人行道树荫下的一个小矮桌边坐下，师傅进去端了两大碗驴汤过来，我们就吃起来。常言道，天上的龙肉，地上的驴肉。这种驴锅的驴汤肉比卤的驴肉可口多了，香软滑嫩，而汤清少油，的确是美味与众不同。后来我进店到后面的驴肉锅看看，那是一口很大的锅，里面煮着大块的驴肉，店家用铁钩将锅里的驴肉钩起来，待凉后改刀，切成小块，入碗加汤，撒以葱花和芫荽，就可上桌了。我们正喝着驴汤，师傅放下筷子问我要不要加点驴血，我点头说："中。"于是他端着碗到灶上去，加了驴血回来，我看碗里好像没有血，只有像凉粉似的白色的小块，吃在嘴里，非常滑韧，师傅说这就是驴血了。

喝罢驴汤回去，遇到早点的摊子，就停下来。我下车看看洛阳的居民早上吃些什么，后来我又喝了一碗胡辣丸子汤，那是胡辣汤加小绿豆丸子。胡辣汤是用洗面筋的水，下面筋与海带丝熬成，吃时撒上胡椒加醋，这是中州很典型的早点。还有一种早点是豆沫，那是黄豆榨汁，下黄豆和粉丝、木耳与黄花菜熬煮而成。我问师傅，哪里可以喝到豆沫，他仿佛没有听过这个名字。不过，后来在郑州终于喝到豆沫。也是早晨起来，叫了计程车，到郑州火车站。郑州火车站是大陆铁路的枢纽，南来北往的旅客很多，我想那里该有各种早点吃。所以，我就到了车站，但下得车来，东西张望，竟然没有小吃摊子，我只有向僻街去找寻。最后终在一个胡同口找到了。于是进了一个窄的巷弄，在一间光线很暗的小屋子里坐下，来了一碗豆沫和两个水煎包，我就着碗边咕噜噜地喝起豆沫来。食毕，出得屋来，太阳已爬过屋脊，耀得睁不开眼，这的确是一个明亮的早晨。

每到一地，我想探访的就是民间的旧时味，而且只有这种传统饮食，才能反映民间的实际生活。因此，我想看看开封的夜市。因为北宋汴京的夜市是出了名的。北宋汴京商业繁华，人民辛勤经营，因而需要更多休闲的活动，往往白昼努力工作，而将休息的活动延至夜里，东京的夜市由是而兴，为当时东京人民增添了内容丰富的夜生活。孟元老《东京梦华录》有"夜市"条，用很多笔墨描叙当年汴京多彩多姿的夜生活。

当然，北宋以前城市夜市已经出现，不过营业时间较短。北宋初年东京的夜市已经很热闹，但经营时间限于三更前结束，北宋中期就全取消这种限制，通宵达旦营业。汴京热闹的夜市在御街，御街的夜市集中于两处，一在朱雀门至龙津桥，一在州桥附近。《东京梦华录》记载朱雀门外的夜市的范围说：

> 出朱雀门东壁，亦人家，东去大街，麦秸巷，状元楼，余皆妓馆，至保康门街，其御街东朱雀门外，西通新门瓦子，以南杀猪巷，亦妓馆。以南东西两教坊，余皆居民或茶坊，街心市井至夜尤盛。

这是御街朱雀门外的夜市，州桥附近的夜市则更热闹：

> 自州桥南去，当街水饭、熬肉、干脯。玉楼前獾儿、野狐、肉脯、鸡。梅家鹿家鹅、鸡、兔肚肺、鳝鱼包子、鸡皮腰肾鸡碎，每个不过十五文。至朱雀门，旋煎羊白肠、鲊脯、抹脏红丝、批切羊头、辣脚子、姜辣萝卜。夏月，麻腐、鸡皮麻饮、细粉素签、砂糖冰雪、冷丸子、水晶皂儿、生淹水木瓜、药木瓜、鸡头、穰砂糖绿豆、甘草冰雪凉水、荔枝膏广芥瓜儿、咸菜、杏片、梅子姜、莴苣笋、芥辣瓜儿、香糖果子、荔枝、越梅、金丝党梅、香枨元，皆用红梅匣儿盛贮。冬月，盘兔、旋炙猪皮肉、野鸭肉、滴酥水晶鲙、煎夹子、猪脏之类，直至龙津桥须脑子肉止，谓之杂嚼，直至三更。

夜市各类"杂嚼"的小吃种类繁多，营业到三更。除了上述的夜市外，还有以士市子为中心的夜市，士市子夜市包括门内马行街及门外新封丘门大街，两旁民居、店铺、药店、官家宅第，与诸班直军营等，"坊巷院落，纵横十余里"，更是热闹：

> 夜市直至三更，才五更又复开张，如要闹去处，通晓不绝。寻常四稍远静去处，夜市亦有燋酸豏、猪胰、胡饼、和菜饼、灌肠、香糖果子之类。冬月，虽大风雪阴雨，亦有夜市，抹脏红丝、煎肝脏、蛤蜊、螃蟹、胡桃、泽州饧、奇豆、鹅梨、石榴、查子、盐豉汤之类。至三更，方有提壶卖茶者，盖都人公私荣干，夜深方归也。

士市子东边有条十字街，"茶坊每五更点灯，博易买卖衣服、图画、花环、领抹之类，至晓即散，谓之鬼市子。"夜市饮食与其他行业互为依存经营，形成夜市的热闹繁华，如士市子西、宫城东角楼之东，有潘楼酒店，"其下每日五更市合，买卖衣物、书画、珍玩、犀玉"等等。这类夜市依附酒楼营业的时间经营，而汴京的酒楼，《东京梦华录》说"大抵诸酒肆、瓦市，不以风雨寒暑、白昼通夜，骈阗如此"。也是汴京夜市兴盛的原因之一。

一个城市的夜市兴盛，除了这城市的商业繁荣外，更重要的是当地居民是否有空闲时间与闲钱，才有闲情消磨在夜市之中，品尝各种不同的饮食。当年大陆开放之初，许多朋友都去探幽或交流，但我却不动心。或问我何时前往，我答等里面有小吃与夜市之后，因为有了小吃与夜市，说明里面人民的生活可凑合着过了。我就是在大陆有了小吃与夜市之后，才到里面行走的。所以，每次到大陆都探访当地的传统小吃和夜市，但发现他们越来越有闲而且也有钱了，于是山南海北吃起来。这次下中州，没有观光夜市的节目，但开封的夜市不能不去，于是我要求临时增加了这个节目。

开封的夜市场面很大，场子里桌凳已经摆齐，但却没有启灶营业。后来才知道当地政府规定夜市七时开始，于是我在旁边巷子里闲逛，发现售卖饮食的车子里炉火正旺，锅里冒着油烟在那里等候着，一辆接一辆地排列着，真的是升火待发。时间一到，几个人推着或拥着车子，推进场子，仿佛像野战演习，各自占领自己的阵地，开始忙碌起来。四下等待的人群像散兵冲进场子，夜市场子里的桌椅，刹那间被挤满了，人声嘈杂，伴着碗盘相碰的响声，掌灶师傅的锅铲敲着锅边，锅里灶上扩散着菜肴和面食的香味，这真是过去没有见过的场面和景象。

我并没有找张桌子坐下，只是在人缝里钻行。后来买了个烙饼卷麻叶，轻轻一拍，麻叶碎了，然后咬一口，脆软香甜。后来在一个卤羊蹄的摊子停下，望着一大锅卤羊蹄，想起当年汴京是吃羊肉的，现在习惯未改，还是喜爱此味。于是我买了两个卤羊蹄，用塑料袋盛着，但一转身袋子穿了，羊蹄跌落在地上。卖羊蹄的连忙又给我两个，我再付钱给

他，他说什么也不要。我道了声谢，抓着羊蹄啃食起来，羊
蹄味鲜软烂而微辛，一吮脱骨，非常好吃。最后，实在耐不
住场子里的拥挤和闷热，于是挤进一家今天刚开幕的肯德基
店里去。但店里比店外更挤更嘈杂，好不容易要了杯冰红
茶，挤了个座位，大口喝起来。隔着玻璃窗看着夜市的灯火
和人影，但在室内拥挤与嘈杂声里，已没有闲情欣赏室外夜
市的风光了。这种美国式的炸鸡自80年代后期登陆中国大
陆，先侵蚀大都会，然后与汉堡向内陆泛滥，如今竟在中州
郑州夜市旁落地了，喧哗的歌声与彩旗飘飘，和旁边夜市的
情调不甚协调。

　　到中州总得吃几样地道的河南佳肴，如杞忧烘皮肘、糖
醋软熘鲤鱼焙面、两色腰子、紫酥肉、卤煮黄管、琥珀冬瓜
等等。但参加旅行团就没有这种选择的自由，像豫菜名店又
一新，就在夜市旁边的街上，来回经过好几次，想进去点几
味真正的豫菜，但看看腕上的手表，时间来不及，只有怅然
而去。不过，豫菜名肴糖醋软熘鲤鱼焙面，还是吃到的，那
是在第一楼吃包子宴的时候。第一楼的包子，其广告说"提
起来像灯笼，放下来似菊花，皮薄馅大，灌汤流油，软嫩
鲜"。但是却不见奇，不如天津狗不理家的包子，至于灌汤
流油，也不如西安的买家包子。所谓包子宴是同样的包子用
不同的馅，一如西安的饺子宴，是非常单调乏味的。于是我
对导游说，我出钱另外每桌加五百块钱的菜，特别指定要糖
醋软熘鲤鱼焙面，心想到中州不吃这道菜是白来了。但上来

后却大失所望。这道熘鱼理应色泽柿红、油重不腻、甜中透酸、酸中微咸,鱼肉鲜嫩,用的是黄河的活鲤鱼。熘鱼和焙面同时上桌,焙面用的是现拉的龙须面,先吃熘鱼,然后以鱼汁回烧,再将焙面倾入。酥香适口,一肴两种不同的风味。河南有句俗话,"鲤吃一尺,鲫吃八寸。"但这条鲤鱼还不到八寸,缩在大鱼盘里,色泽黯褐,上面撒着一层白素素的龙须面,别说吃了,真的连筷子也不想举。

不过,在洛阳的真不同饭店,吃的一席水席,倒是真的不同。现在的真不同在洛阳华东街,前身是于记饭铺,由于庭选兄弟三人及其父在西大街卖大碗面和不翻汤、豆腐汤,当时称为两汤一面。后来迁到西华街路北,改名为新盛长,添了些经济的炒菜。日寇侵华,轰炸洛阳,著名的中州饭庄、万景楼、春发楼被炸毁,新盛长收容了几个被炸大饭店的厨师,迁到北大街,经营洛阳地方风味的水席,更名真不同。河南有句土话:"唱戏要腔,做菜要汤。"河南对于制汤非常讲究,分头汤、白汤、毛汤、清汤、套汤、追汤。所谓套汤是清汤临时加厚,用鸡茸,即胸肉剁泥,再套清一次。至于追汤,则是制好的清汤,再加入鸡、鸭,微火慢慢煮,以补追其鲜味。制成的汤,清可见底或浓似白乳,味美清醇。以浓汤制扒菜,是豫菜的一绝。所谓"扒菜不勾芡,汤汁自来黏"。这些不同的汤是洛阳水席的基础。我们吃的这席水席有牡丹燕菜、洛阳肉片、熬货、西辣鱼片、烩肝花、奶汤吊子、料子凤翅、滋补牛宝、酸汤焦炸丸,此外,还有四压桌，腐乳千张肉、洛阳酥肉、洛阳海参、如意蛋汤，是吃饭用的，上了鸡蛋汤就完席了。最后点心四道：有鸡蛋灌饼、芝麻千层糕、油炒八宝饭、浆面条。水席上菜顺序，在汤菜之后，是一道烩或扒的菜，但不论扒烩都是连汤的。

水席不论档次高低，都有牡丹燕菜。这道菜由来已久，相传武则天即帝位后，洛阳东关菜园生长出一只特大的萝卜，长约三尺，上青下白，重32斤9两。进贡宫内，女皇大悦，命御膳房以此制菜，御厨思考后，制成此味羹汤，奉献武则天。武则天食后大悦，以此味鲜嫩爽口、味道独特，且有燕巢味道，赐名假燕巢，后称洛阳燕菜。其制法是取白萝卜中段，去皮切成二毫米粗、六厘米长的细丝，入水浸泡后，沥干水分，入干淀粉中拌匀，上笼透蒸，取出晾凉，入冷水抖开，再入干淀粉拌匀上笼略蒸，然后入汤煮烩，即为素燕巢或假燕巢。更以红绿蛋膏，制成牡丹花的红花绿叶，置于菜上，上笼哈透。哈透是豫菜制作术语，即上笼作短时间加热之谓，是为牡丹燕菜。且不论此菜是不是传于武则天，这确是一道粗菜细烹的河南传统菜，萝卜丝晶莹剔透，状似燕巢，汤清鲜利口，造型甚美。真的是洛阳牡丹甲天下，燕菜开出牡丹来。

素菜荤烹的假燕巢与假海参，都是河南传统的菜肴，常见于民间婚丧红白的流水席上，改良后成为豫菜名肴。不过，在洛阳、开封、郑州几天，吃的都是旅游餐，当然吃不到什么地道的豫菜，且举在洛阳大酒店吃的一张菜单，有野鸡炖蘑菇、罐羊肉、熘肝尖、冻豆腐炖白菜、水煮鳝片、萝卜干炒腊肉。其中除熘肝尖是豫菜，其他如野鸡炖蘑菇、冻豆腐炖白菜是东北菜，水煮鳝片、罐羊肉是川菜，萝卜炒腊肉是毛家菜，也就是毛泽东欢喜吃的菜。使我想起来中州的途中，经过小浪底，是黄河截流工程的所在地。中午在工程处餐厅午饭，菜单介绍这家餐厅由东北与四川厨师主理，就点了东北菜的冻豆腐炖白菜、野鸡炖蘑菇两味，冻豆腐炖白菜里有粉条大肉，甚是粗犷；野鸡炖蘑菇，蘑菇来自东北长白山，味道与众不同。他如肉焖子、炒肉渍菜，还有白肉血肠都是东北菜肴。至于川菜则有干煸泥鳅、家常鳝鱼、水煮牛肉、鱼香肉丝、麻婆豆腐、干烧鲤鱼、罐煨羊肉。这些东北菜与川菜都非常地道，没有想到在荒野中，竟能吃到这样的家常美味，真是这次客中一乐。现在河南流行的是川菜，一路行来，沿途打尖的饭店都以川味为号召，入夜之后霓虹灯闪耀，宛如行驶在蜀道上。除了川味外，粤菜也是河南人喜爱的，手边留得一份八八八元的结婚喜宴菜单，是向住的饭店附设餐厅要来的，其菜肴有白灼斑节虾、沙津海鲜卷、花枝炒鲜贝、避风塘焗蟹、夏果牛柳丁、碧绿上鸡汤、清蒸桂花鱼、北菇扒时蔬，单观这张菜单，真不知今日豫中竟是谁家天下了。

那天，在开封游罢为观光而兴建的龙亭，经潘、杨二湖，过御街，竟见到复建樊楼，楼高三楹，飞檐画栋，心中不由一喜，想叫司机停车，下去拍张照片。突然发现大门悬的竟是潮州海鲜酒家的招牌，于是兴趣索然，兀坐在座位上任车子驶过御街，心里想的却是在龙亭跨院的纸雕画展览，展览室展出一幅很长、雕作细腻的《清明上河图》，室内竟无人观赏，我流连了很久。发现屋角坐着一位老者，过去攀谈，他就是作者。他非常感谢我，因为我是今天参观的第一个人。午后的阳光照进室内，映在他含笑的脸上，但那笑容却是那么落寞与孤寂。

饮茶及饮下午茶

最近，我们又去了香港，没事，行街而已。行街是粤语，闲来无事街上逛的意思。

我在香港住了近二十年，算是老香港了。但始终是个过客，漂浮在这个城市之中，却无法生根，只是在那里活着。不过，这年头能活着，而且无拘无束，已经是不容易的事了。

离开香港后，每年都抽空到香港闲散些时日。对香港我是熟悉的，当年到香港教书，课业负担不重，最初又住在市区，没事就在香港九通街走，上茶楼下小馆，吃吃大排档，坐坐茶餐厅，略窥香港的饮食门径，和在地朋友出去上馆子吃饭，提调点菜都是我，也可以和报上写专栏的食评家论道，但仍不敢说谙识香港饮食。饮食虽小道，但五花八门各有门径，自有渊源，非深知其故者，岂可信口雌黄。

一、尖沙咀饮食圈

我是个念旧的人，每次到香港都会探访些吃过的街坊小菜馆。往往是兴兴然而往，怅怅然而返。因为那些僻街的小食肆，不是因折楼歇业，或者撑不下去"不玩了"。"不玩了"是一家熟悉的海鲜小酒家，拉下了铁门，铁门上贴的斗大的告白："玩不下去，不玩了！"香港虽为美食天堂，但在迅速的社会转变中，传统的饮食业经营不易，每次去香港，都发现熟悉的吃食店又少了几家。对我们念旧的人而言，每一件熟悉的事物，因环境转变而消逝或没落，都会感叹一番。

我一度担心香港会有大变。所以，在九七将临的那个寒假，到香港住了一个月，并在那里过了个冷清的春节。节前走访几个街市（传统市场）和超市，依旧人潮汹涌，熙熙攘攘，真的是处变不惊。虽然处变不惊，但一池春水里仍有些微波澜：青岛水饺进入超市的冰柜，与叉烧包并列，茶楼多了炸馒头一品，过去香港人对这些北方食品，不屑一顾的。而且云南过桥米线在港九新界普遍流行，兰州拉面也跟着过来了。看来香港人在饮食方面已作了应变的准备。不过，这些外来食品为了适应香港人的口味，似已作了某种程度的转变。

九七之后，象征殖民统治权威（香港许多街道都是历任港督的名字）的街道名称如太子道、皇后道、弥敦道、漆咸道等等并未更改，香港人的生活依旧。于是，我们又去香港闲散。这几年去香港，都住在百乐酒店。

百乐酒店在漆咸道上，左右近临加连威老道与金马伦道。港九有几个饮食的集中地，尖沙咀是最繁华的一个。这里又是尖沙咀饮食的中心点，包括附近几条街道自成一个饮食圈，食肆比邻，华洋杂处，传统新潮并列，东西皆有，少说也有百十来家。京菜有鹿鸣春、泰丰楼、乐宫楼、仙宫楼。上海菜有大上海、老正兴、一品香。川菜有嘉陵，还有香港最老的中国化西餐太平馆，茶楼有九记、联兴、翠园、南洋、瑞士、法国、意大利与日本料理都有，最近加连威老道新开了一家专卖卤肉饭、干面与珍珠奶茶的台湾料理店。这里还有许多24小时营业的茶餐厅……入夜之后，灯火辉煌，人声沸腾，我行走其间，左右逢源，不必远求了。

这一带我原来就非常熟悉，过去加连威老道有许多专售江南食品的南货店，供应江南时鲜如冬笋、荠菜、马兰头与家乡肉、黄泥螺、熏蛋等等。尤其秋风起后，蟹字旗满街招展，这些蟹字旗一式黄底绿边，中间写了个斗大的红蟹字，南来的大闸蟹都集中在这里。如果仔细挑拣，偶尔也会找到青背白腹金毛爪的阳澄湖大闸蟹，当然价钱就不便宜了，通常吃的都是其他湖泊或江河产的。往往大闸蟹上市，我都会选一篓，约六十只，置于冰箱中上覆湿毛巾，执螯把盏大嚼起来，最后来一碗现拆的蟹粉面，人生之乐，不过如此。

但这些南货店都歇业了。当初这些南货店之兴，为了一解南来上海人的莼鲈之思，如今老一代的上海人逐渐凋零，而且现在上海与香港往来方便，欲思家乡味，可以立即还乡。再说新一代的上海人在香港长大，自幼就习惯香港饮食，早已把他乡当故乡了。这些南货店的消逝是必然的趋势。南货店的主要功能虽尽，但大闸蟹的风味却被港人欣赏。其味鲜美远超油黄蟹，大家也吃大闸蟹了。蟹季一到，街边尽是蟹档，这些蟹档做一季可以吃一年。所以，去年留下的残旧蟹字旗，仍然在拥挤的人群中，炙热的阳光下没精打采地飘着，也是香港社会饮食文化转变中的一个场景。

在金马伦道加连威老道之间，有条小街名曰厚福街，是港九街道名称中最有中国味道的一条小街。实际不能称其为街，只是条小巷子，而且是个死胡同。但这条巷子却隐藏着十家小馆子，很少人知道，却是我过去常流连的地方。现在这条巷子依旧，但两旁的饮食店已是几经沧桑了。我怀念的还是歇业已久的顺德宫小酒家。顺德菜是构成广府菜的一支，其所售皆家乡俚味，有钵仔鹅、焗鱼肠、焗禾虫、韭菜猪红，冬天有姜葱煀鲤鱼，还有写在墙上玻璃镜子中的时菜和捻手小炒，这些小炒都是很够镬气。粤人称镬气，就是我们说的火候。我常欢喜约朋友来此小酌。不仅价廉物美，而且甚有普罗气氛。

二、洪利粥品与阿大靓汤

如今顺德宫早已歇业，出奇的是那家洪利粥品店，竟然仍然独存，而且是厚福街数十年没有更改门面的老字号。入门一边是粥档，一面是炸油器的油锅，店内散放着几张简单的桌凳，桌上除有酱油外，还有一大瓶白芝麻和牙签。白芝麻是撒在肠粉上吃的，牙签用来叉肠粉的。现制肠粉的灶在里屋，雾气腾腾的。这是一家典型的粥品店，除了在传统菜市场附近，其他地方已经很难找了，没有想到这里竟有一家，而且早晨生意兴隆。

中国吃粥的历史渊源流长，各地皆有，但广东粥却是一绝。不过，一般都称粥为稀饭，但广东却不这样称，因为稀饭二字，粤语发音甚是不雅。而且广东粥的煲法，的确与我煮稀饭不同，一般煮稀饭下米加水，待米开花后改文火熬煮即成。广东粥除米之外，加大骨与干贝，面上滴几滴生油，明火煲煮至糜状，稀稠适度又不见米粒，是件既花工夫又费时的事。这种粥煲成后，是为粥底，即白粥又称明火或米王。粥的好坏就在粥底，然后将粥底置于小铜锅中下各类不同的材料，即成艇仔、皮蛋瘦肉、及第、牛肉丸、鱼片鲮鱼球粥等等，最贵的是鲍鱼明虾粥。港九这类生滚粥品店不少，如富记、妹记、润记、弥顿等。这种粥品店有白灼腰脘（猪胭即猪肝，广东人讳忌多，肝与干同音、舌与蚀同音，不吉利，所以舌称脷，淡菜称旺菜），鱼生，与冷拌脆鱼皮可吃。最近台湾颇流行广东粥，但仅粥底一项，就无法与真正的广东粥相提并论了。

不过，这类生滚粥品店，吃不到现制的肠粉与刚出锅的热油条。要吃这些就得去像洪利那样的粥品店。洪利粥品店生滚的粥的品类不多，仅牛仔（碎牛肉）、艇仔、鱼片、猪红，偶也有粉肠粥出售，配斋肠、炸肠，炸肠即肠粉包油条，俗称炸两，或豉油王炒面或牛腩酥食之。我吃了粥余兴未了，再来碗米王，以刚出锅的热油条蘸而食之，确是绝配。广东油条粗而短且实，甚有口感。没有想到，在这样热闹繁华的街上，竟容得这样老旧传统的粥铺，真是异事。洪利粥品店距我住的酒店，近在咫尺，晨起即欣然前往，也许是我住在这里的另一个因由。

在加拿芬道有一家阿大靓汤，香港到处都是阿二靓汤的市招，这家阿大靓汤是一枝独秀别无分店。靓汤，是美好的汤，一如美女称靓女。香港人嗜饮汤，晚饭餐前必饮汤。他们饮的汤和我们不同，称我们的汤为滚汤，立时即可，他们饮的汤经过老火久煲而成。不论穷富每家中必备大瓦罐一只，用来煲汤，而且香港人对所吃的蔬果畜肉，都有寒燥之分。因此不同季节饮不同的汤水，煲汤除主料外，配料淮山、枸杞、南北杏与其他药材常有，老姜、陈皮与蜜枣必备。常见是青红萝卜煲不见天，不见天是猪腋下面的那块肉，久煮仍滑嫩如故。螺头冬瓜荷叶煲老鸭，夏天可以消暑，小赤豆葛菜煲鲮鱼，可以去湿。而且以形补形，北菇花胶煲凤爪，可以助足劲；腐竹白果煲猪肺，可以化痰润肺；天麻炖猪脑，可以补脑。港人称隔水蒸为炖，如炖水蛋就是蒸蛋。

汤靓不靓，全凭家庭主妇的巧手。阿大是大太太，阿二是外室或二奶。平时男人在外工作，晚饭必回家饮汤吃饭，在阿二家只能饮点汤，免得回家吃不下饭露了马脚。所以，阿二必能煲靓汤，拢着男人的心，一如阿二靓汤店里宣传的："阿二秘方，家乡靓汤。"一日和同事饭于学校对面雍雅山房。雍雅山房在半山，甚僻静。见一对男女乘靓车而来，男的五十来岁大腹便便，女的青春少艾美目盼兮。刚坐下还没点菜，女的便从提包取出小暖水瓶，另取自备小碗抹擦干净，然后启开暖水瓶盖子，倾倒一碗递给男的，那男的慢慢啜饮起来。真是男的饮得称心，女的看得开心，这可能就是阿二靓汤了。过去海港城还有家三姐靓汤店。当年香港行大清律，可以纳三房四妾，现在已经不兴了。于是，在香港社会变迁中，又出现了一种另类的外食人口，阿二也抛头露面上街做起靓汤的营生来了。

三、云如茶楼与陆羽茶室

到香港总是要饮茶的，在家饮汤，出街上茶楼饮茶，是香港人的生活习惯。我曾写过《饮咗茶未》，叙述广式饮茶的由来，及港人饮茶的社会意义与功能。生活在香港，如果不习惯上茶楼饮茶，就无法真正了解港人的生活方式。港人晨起，道旁相遇，不互道早，而问饮咗茶未？上得茶楼，来个一盅两件，再加上一份报纸，如果遇到熟人搭个台，天南地北聊起来，就可以叹一个上午了。

茶市分早午，早晨的茶市为了方便晨运的老人及清晨工作者，有的清晨五点就起市，天还没亮就人声沸腾，真的是一日之计在于晨了。但午市的茶客就没有那么悠闲了，多是些在写字楼打工的，他们匆匆而来，一盅北菇鸡饭或豉汁排骨饭，或一碟粉面，狼吞虎咽而食，吃完喝杯茶抹抹嘴就走，这是香港的外食人口。这种外食人口是工商业城市发展到一定程度以后才出现的。他们是香港工商业社会转型的推手，需要的是时间和速度，已经不能再像早市的茶客那样慢慢叹了。这批外食的人口，在香港少说也是两百万。

后来在香港，我们也习惯饮茶了。平日行街，走到哪里饮到哪里，但也有固定的茶楼，每周总会去饮两三次茶。每逢过年，手执红封一叠，上茶楼派利市。利市就是压岁钱，一封十块二十块，钱虽不多，讨个吉利彩头而已。领班的部长、带位的小姐、推车卖点心的阿婶，见者有份。以后一年大家更亲稔，不论再挤，我们总是有位子的。虽然上茶楼吃的点心就是那几款，饮的茶都是水仙，但却渐渐有了饮茶的习惯。回到台北后，找不到合适的饮茶的所在。两年前在北新路上，偶然发现一家不大的粤菜餐厅，水滚茶靓，点心数不多，都是现点现蒸现炸的，水准不下于香港茶楼，真的好花开在深山内，美女生在小门庭了，我们每周都来这里饮茶。

每次到香港第一件事，就是饮茶。香港的茶楼来自广州，广州的茶楼由清咸丰同治年间的"二厘馆"始。所谓二厘馆是茶资二厘，当时一个角洋合七十二厘。二厘馆设备简陋，木桌木凳，供应糕点，店前挂有某"茶话"的幌子，专为肩挑负贩者，提供一歇脚叙话之所。后来又出现了"茶居"，如五柳居、永安居等等，是有闲者消磨时间的去处。五口通商后，广州成为南方的通商口岸，原来中国四大镇的佛山，逐渐衰落，资本转移到广州。佛山七里堡乡人来广州经营茶楼，遂有金华、利南、其昌、祥珍四大茶楼之兴。七里堡乡人经营茶楼的手法，是先购地后建楼，茶楼占地极广，楼高三层，装潢得金碧辉煌，此后广府人始有茶楼可上，有茶可叹。

香港的饮茶源自广府，广州有惠如茶楼，创于光绪年间，其门首悬有一联："惠己惠人素持公道，如亲如故常暖客心"，30年代更推出"星期美点"，八甜八咸的十六款点心，以大字红榜张于门首，每周更变一次，这是香港"羊城美点"的由来。早期香港多如字号的茶楼，如龙如、凤如、云如等等，或与广州惠如茶楼有关。最后折楼歇业的是在上海街的云如茶楼。歇业前我们再去云如饮茶，云如茶楼楼分三层，一楼二楼是卡座，也有散座，每一座皆有痰盂一个，偶备茶客倾洗盅筷或吐哺之用。堂倌提着大铜茶壶穿梭往来其间，卖点心的阿婶负竹筐，筐内盛点心，往来叫卖。三楼是遛鸟人专用的，厅里纵横拉了许多铁丝，为悬鸟笼之用。沿窗挂着各式不同鸟笼，偶尔笼中鸟也会高唱和鸣一番，座上的茶客一面欣赏鸟语，一面着茶和邻座客人高声谈论着。在此饮茶，往往有时间停滞的感觉。云如茶楼有大包出售，这种奉客的点心，其他茶楼早已绝迹，个大一笼一个，内容丰富，真的是价廉物美，非常有人情味。

后来，云如真的拆了，也不知那些遛鸟的茶客又流落何方。现在剩下的老茶楼，只有港岛的陆羽茶室了。陆羽茶室的格调比较高，精致小巧，也楼分三层，家具全是酸枝的。堂里花瓶摆设都是古董。茶叶不论普洱、寿眉、铁观音都自原产地自订自制，点心还保持羊城美点的余韵，每周调换一次，但其看家点心如莲蓉粽与煎粉果莲汤，却是不更换的，就像当年广州的惠如茶楼星期美点，其看家的美点鱼脯干蒸烧卖，也是不更换的。不过，到陆羽茶室饮茶不易，虽堂中空无一人，却无法找到座位，因为座位早已被人订了。我每次过海办事，都在十一点半以前到陆羽，进门先向领班的三叔问好，问他最近关节炎好些吗，并言明十二点九就走。十二点九就是十二点三刻，因为下午一点订位的老客人要来了。有的老客人祖孙三代相继在这里饮茶，吃的就是那些点心，饮的只是一种茶，真的是百吃不厌，成为他们日常生活中不可或缺的一部分了。

四、洞天深处饮鸳鸯

这次到香港饮茶，发现光景大不如前了。许多大茶楼的茶客大批流失，剩下的多是老弱妇孺。那批流失的青壮茶客，转向茶餐厅吃大盘饭了。香港最近几年百业不振，唯茶餐厅一枝独秀。在我们下榻的酒店附近，就有十来家茶餐厅，有的是新张，有的是旧店扩装，内部装潢较过去光鲜亮丽，座位也增多了。而且这些茶餐厅都二十四小时营业，夜深之后，诸业打烊，街上车静人稀，唯有茶餐厅的霓虹灯大招牌亮着，直到次日旭日东升。

香港的茶餐厅是香港与西方饮食文化接触后，产生的一种特殊的景象，由英国人饮下午茶的习惯转变而来。欧洲夏日昼长，在午晚餐之间，增加了一顿下午茶。英国东来统治香港，也将饮下午茶的习惯带过来了。最初流行于士绅买办之间，后来普及各个阶层，机关商号都有饮下午茶时间。即使在工地工作的蓝领，下午茶的时间一到，立即停下工作，一罐汽水或可乐，加上一个面包，就算饮下午茶了。下午茶的习惯形成后，多少影响到他们的饮食习惯，一般香港家庭吃晚饭较晚，在酒楼结婚摆酒，都拖到晚上九点三刻才开席，虽然是取"九九"（久久）吉利，但和贺客都饮过下午茶有关，否则谁能挨到那么晚才吃。

香港小市民饮下午茶，大多都在茶餐厅。这类茶餐厅兴于 30 年代，为了适应消费能力低的小市民，而出现了一种价钱低廉、起菜快速的饮食行业，湾仔的檀岛咖啡饼店、中环威灵顿街的乐香园、跑马的祥兴咖啡室，还有九龙城的洞天咖啡室。当年我们常去洞天。洞天的门面不大，进门柜台旁边，挂着一幅《吕洞宾乘龙得道图》，两旁是扶乩写成的对联，字迹龙飞凤舞，只是不记得内容了。室内散座卡位都是木桌木椅，木质黑黝，壁上灯光昏暗，都有些年月了。进得店来，宛如进了神仙洞府，真的是别有洞天。我们来这里饮下午茶，倒不是为了沾些仙气，而是这里的鸳鸯特别香滑。这种以炼乳打底，褐色咖啡与红茶参混，呈赭红色的饮料，入口有点苦有点涩，且飘着淡淡乳香，甘浓香滑，甚有回味。其名曰鸳鸯，不知何人取的名字，俗中有雅，恰如其分。这种奶茶与咖啡混合特殊的港式饮料，只有在茶餐厅才能饮到。因为茶餐厅每天清晨冲茶，混合几种不同的茶叶，以白洋布袋相隔，再加上纯熟的撞茶技巧冲沏而成。和用两只茶袋泡的奶茶，风味是完全不同的。真的是西体中用了。

我欢喜饮鸳鸯，更欢喜茶餐厅的气氛，下午新鲜的面包出炉，座上的客人已满，和别的茶客搭个台，来一杯鸳鸯，再添一个菠萝包或蛋挞，慢慢啜饮起来，静静四周观察。茶客或踞坐或蹲于几凳之上，研究马经，或抨击时弊，喧哗丢丢声盈耳，这才是香港小市民的生活图像。香港小市民的生活平淡，而且要求不多，得叹下午茶于茶餐厅中，他们似乎已拥有整个世界了。香港的茶餐厅是香港饮食文化的特色，将一种外来的饮食习惯，转变成他们自己的生活方式。一如跑马是西方上流社会消闲的活动，流传到香港以后，变成港人的全民运动，上至亿万富豪，下至贩夫走卒，皆乐此不疲，是世界其他地方少有的。茶餐厅在香港兴起，以及普遍于巷里间，也表现了香港人对不同饮食习惯兼容并蓄的肚量。

香港的茶餐厅中西兼备，以早餐为例是火腿通粉（或鸡丝、沙爹牛肉面、雪菜肉丝面）、西煎双蛋、牛油方饱、咖啡，当然也可以换成鸳鸯。下午茶两点钟开始，各式面包与蛋挞随时出炉，还有烧味、百搭茶餐、干炒牛河、三丝炒濑粉、雪菜肉丝炆米粉、上海粗炒面等等，还有年轻人喜食的西煎猪扒、美式牛扒、炸鸡翼拼薯条、西多士等，名目繁多，皆奉奶茶与咖啡。

最近几年茶餐厅更兼蓄香港大排档的食品，大排档是露天食档的俗称，由于最初港府给这些排档的面积较大，于是便有大排档的称谓。后来港府为整顿市容，减少阻街，纷纷将这些大排档迁入熟食中心，茶餐厅就兼容了这一部分食品。于是，原来售于大排档的鱼蛋（丸）、墨（鱼）丸、牛丸、鱼饺、云吞、牛腩、牛肚都进入茶餐厅，甚至外来的清汤牛腩也有。这种清汤牛腩和一般的牛腩不同，以牛骨、鸡与大地鱼作汤底煮炆而成。

大排档除了一般小吃外，还有小菜出售。一般认为大排档的炒菜镬气佳，大排档的炉火旺，爆炒起来火苗升得很高，看着打赤膊的大师傅端起锅来，几个翻炒就起锅了。大排档生意兴旺后，由露天而租房子开店，称为大排档上楼，于是有了街坊小菜和捻手小炒。现今这些街坊的小酒家难以维持歇了业，街坊小菜也进入了茶餐厅，如豉汁蒸排骨、西柠煎软鸡、西芹滑鸡柳、滑蛋鲜虾仁、椒盐白饭鱼、椒盐豆腐海蜇、菜芫炒牛肉、凉瓜炆火腩、炆大鳝、冬瓜豆卜炆火腩、时菜炒鱼松、粟米石斑块、杭菜肉松四季豆、豉汁炒鹅肠、云耳胜瓜炒肉片、虾酱通菜牛肉、上汤金银蛋浸苋菜等。蒸菜有豉蒜蒸大鳝、豉汁蒸鱼云、雪菜肉丝蒸鲩鱼，煲仔菜有咸鱼鸡粒豆腐煲、红烧斑腩煲、姜葱鱼腩煲、南乳虾米银丝节瓜煲、啫啫鸡煲、梅菜扣肉煲、咖喱牛腩煲等等，香港一般吃的家常小菜尽在此矣，另外还有烧鹅、油鸡与烧肉，物虽不尽美却价廉，每款不过三十多元。并配白饭、例汤或茶。

茶餐厅原来是由西方饮下午茶的形式转化来的，现在却中西兼备，并将香港大排档的小吃、流行的坊间小菜纳于其中，成为香港日常外食人口不可或缺的饮食所在。一日二十四小时营业，不同时段有不同的食客，早晨有起早上工或晚班放工的男女，在这里吃早餐，午晚有一批自茶楼转来的白领食客，这几年经济萧条，得悭就悭，在这里默默进食，正是港人共体时艰的表现。午夜过后，又换了一批有家却不愿回家的少年后生，他们在那里嬉闹高谈，喝着可乐，吃着薯条，啃着炸鸡脾，又是另一番景象。但值得留意的是，这批少年后生是将来引领21世纪香港饮食取向的人。香港的社会在变，饮食的取向也在变，这种转变的痕迹，反映在茶楼和茶餐厅之间，可能与传统渐行渐远了，我抄录这些菜码，算是留个记录。

一晚倦游归来，已近午夜，想喝杯鸳鸯，进得茶餐厅，竟座无虚席，只好对坐在台里的老板说："鸳鸯行街，走糖。"此处行街是外卖，意思是鸳鸯外卖，不要加糖。

馋人说馋

前些时，去了一趟北京。在那里住了十天。像过去在大陆行走一样，既不探幽揽胜，也不学术挂钩，两肩担一口，纯粹探访些真正人民的吃食。所以，在北京穿大街过胡同，确实吃了不少。但我非燕人，过去也没在北京待过，不知这些吃食的旧时味，而且经过一次天翻地覆以后，又改变了多少，不由想起唐鲁孙来。

７０年代初，台北文坛突然出了一位新晋的老作家。所谓新晋，过去从没听过他的名号。至于老，他操笔为文时，已经花甲开外了，他就是唐鲁孙。1972 年《联副》发表了一篇充满"京味儿"的《吃在北京》，不禁引起老北京的莼鲈之思，海内外一时传诵。自此，唐鲁孙不仅是位新晋的老作家，又是一位多产的作家，从那时开始到他谢世的十余年间，前后出版了 12 册谈故都岁时风物、市尘风俗、饮食风尚，并兼谈其他轶闻掌故的集子。

这些集子的内容虽然很驳杂，却以饮食为主，百分之七十以上是谈饮食的，唐鲁孙对吃有这么浓厚的兴趣，而且又那么执着，归根结底只有一个字，就是馋。他在《烙盒子》里写道："前些时候，读逯耀东先生谈过天兴居，于是把我馋人的馋虫，勾了上来。"梁实秋先生读了唐鲁孙最初结集的《中国吃》，写文章说："中国人馋，也许北京人比较起来更馋。"唐鲁孙的回应是："在下忝为中国人，又是土生土长的北京人，可以够得上馋中之馋了。"而且唐鲁孙的亲友原本就称他为馋人。他说："我的亲友是馋人卓相的，后来朋友读者觉得叫我馋人，有点难以启齿，于是赐以佳名叫我美食家，其实说白了还是馋人。"其实，美食家和馋人还是有区别的。所谓的美食家自标身价，专挑贵的珍馐美味吃，馋人却不忌嘴，什么都吃，而且样样都吃得津津有味。唐鲁孙是个馋人，馋是他写作的动力。他写的一系列谈吃的文章，可谓之馋人说馋。

不过，唐鲁孙的馋，不是普通的馋，其来有自；唐鲁孙是旗人，原姓他塔拉氏，隶属镶红旗的八旗子弟。曾祖长善，字乐初，官至广东将军。长善风雅好文，在广东任上，曾招文廷式、梁鼎芬伴其二子共读，后来四人都入翰林。长子志锐，字伯愚，次子志钧，字仲鲁，曾任兵部侍郎，同情康梁变法，戊戌六君常集会其家，慈禧闻之不悦，调派志钧为伊犁将军，远赴新疆，后敕回，辛亥时遇刺。仲鲁是唐鲁孙的祖父，其名鲁孙即缘于此。唐鲁孙的曾叔祖父长叙，官至刑部侍郎，其二女并选入宫侍光绪，为珍妃、瑾妃。珍、瑾二妃是唐鲁孙的族姑祖母。清末民初，唐鲁孙时年七八岁，进宫向瑾太妃叩春节，被封为一品官职。唐鲁孙的母亲是李鹤年之女。李鹤年奉天义州人，道光二十年翰林，官至河南巡抚、河道总督、闽浙总督。

唐鲁孙是世泽名门之后，世宦家族饮食服制皆有定规，随便不得。唐鲁孙说他家以蛋炒饭与青椒炒牛肉丝试家厨，合则录用，且各有所司。小至家常吃的打卤面也不能马虎，要卤不泻汤，才算及格，吃面必须面一挑起就往嘴里送，筷子不翻动，卤就不泻了。这是唐鲁孙自小培植出的馋嘴的环境。不过，唐鲁孙虽家住北京，可是他先世游宦江浙、两广，远及云贵、川黔，成了东西南北的人。就饮食方面，尝遍南甜北咸、东辣西酸，口味不东不西、不南不北变成杂合菜了。这对唐鲁孙这个馋人有个好处，以后吃遍天下都不挑嘴。

唐鲁孙的父亲过世得早，他十六七岁就要顶门立户，跟外交际应酬周旋，觥筹交错，展开了他走出家门的个人的饮食经验。唐鲁孙二十出头，就出外工作，先武汉后上海，游宦遍全国。他终于跨出北京城，东西看南北吃了，然其馋更甚于往日。他说他吃过江苏里下河的鲖鱼、松花江的白鱼，就是没有吃过青海的湟鱼。后来终于有一个机会一履斯土。他说："时届隆冬数九，地冻天寒，谁都愿意在家过个阖家团圆的舒服年，有了这个人弃我取、可遇不可求的机会，自然欣然就道，冒寒西行。"唐鲁孙这次"冒寒西行"，不仅吃到青海的湟鱼、烤牦牛肉，还在甘肃兰州吃了全羊宴，唐鲁孙真是为馋走天涯了。

1946 年,唐鲁孙渡海来台,初任台北松山烟厂的厂长,后来又调任屏东烟厂。1973 年退休。退休后觉得无所事事,何以遣有生之涯,终于提笔为文。至于文章写作的范围,他说:"寡人有疾,自命好啖。别人也称我馋人。所以,把以往吃过的名馔,写点出来,就足够自娱娱人的了。"于是馋人说馋就这样问世了。唐鲁孙说馋的文章,他最初的文友后来成为至交的夏元瑜说,唐鲁孙以文字形容烹调的味道,"好像《老残游记》山水风光,形容黑妞的大鼓一般"。这是说唐鲁孙的馋人谈馋,不仅写出吃的味道,并且以吃的场景,衬托出吃的情趣,这是很难有人能比拟的。所以如此,唐鲁孙说:"任何事物都讲究个纯真,自己的舌头品出来的滋味,再用自己的手写出来,似乎比捕风捉影写出来的东西来得真实扼要些。"因此,唐鲁孙将自己的饮食经验真实扼要写出来,正好填补他所经历的那个时代某些饮食资料的真空,成为研究这个时期饮食流变的第一手资料。

尤其台湾过去半个世纪的饮食资料是一片空白,唐鲁孙 1946 年春天就来到台湾,他的所见、所闻与所吃,经过馋人说馋的真实扼要的纪录,也可以看出其间饮食的流变。他说他初到台湾,除了太平町延平北路,几家穿廊圆拱,琼室丹房的蓬莱阁、新中华、小春园几家大酒家外,想找个像样的地方,又没有酒女侑酒的饭馆,可以说是凤毛麟角,几乎没有。1949 年后,各地人士纷纷来台,首先是广东菜大行其道，四川菜随后跟进，陕西泡馍居然也插上一脚，湖南菜闹腾一阵后，云南大薄片、湖北珍珠丸子、福建的红糟海鲜，也都曾热闹一时。后来，又想吃膏腴肥浓的档口菜，江浙菜又乘时而起，然后更将目标转向淮扬菜。于是，金霁玉脍登场献食，村童山老爱吃的山蔬野味，也纷纷杂陈。可以说集各地饮食之大成，汇南北口味为一炉，这是中国饮食在台湾的一次混合。

不过，这些外地传到台湾的美肴，唐鲁孙说起来，总觉得有似是而非的感觉，经迁徙的影响与材料的取得不同，已非旧时味了。于是馋人随遇而安，就地取材解馋。唐鲁孙在台湾生活了三十多年，经常南来北往，横走东西，发现不少台湾当地的美味与小吃。他非常欣赏台湾的海鲜，认为台湾的海鲜集苏浙闽粤海鲜之大成，而且尤有过之，他就以这些海鲜解馋了。除了海鲜，唐鲁孙又寻觅各地的小吃。如四神汤、碰舍龟、吉仔米糕、肉粽、虱目鱼粥、美浓猪脚、台东旭虾等等，这些都是台湾古早小吃，有些现在已经失传。唐鲁孙吃来津津有味，说来头头是道。他特别喜爱嘉义的鱼翅肉羹与东港的蜂窝虾仁。对于吃，唐鲁孙兼容并蓄，而不独沾一味。其实要吃不仅要有好肚量，更要有辽阔的胸襟，不应有本土外来之殊，一视同仁。

唐鲁孙写中国饮食，虽然是馋人说馋。但馋人说馋，有时也说出道理来。他说中国幅员广阔，山川险阻，风土、人情、口味、气候，有极大的不同，因各地供应饮膳材料不同，也有很大差异，不同区域都有自己独特的口味，所谓南甜、北咸、东辣、西酸，虽不尽然，但大致不离谱。他说中国菜的分类约可分为三大体系，就是山东、江苏、广东。按河流来说则是黄河、长江、珠江三大流域的菜系，这种中国菜的分类方法，基本上和我相似。我讲中国历史的发展与流变，即一城、一河、两江。一城是长城，一河是黄河，两江是长江与珠江。中国的历史自上古与中古、近世与近代，渐渐由北向南过渡，中国饮食的发展与流变也寓于其中。

唐鲁孙写馋人说馋，最初其中还有载不动的乡愁，但这种乡愁经时间的冲刷，渐渐淡去。已把他乡当故乡，再没有南北之分、本土与外来之别了。不过，他下笔却非常谨慎。他说："自重操笔墨生涯，自己规定一个原则，就是只谈饮食游乐，不及其他。良以宦海浮沉了半个世纪，如果臧否时事人物惹些不必要的噜苏，岂不自找麻烦。"常言道大隐隐于朝，小隐隐于市。唐鲁孙却隐于饮食之中，随世间屈伸，虽然他自比馋人，却是个乐天知命而又自足的人。

（《唐鲁孙文集》序）

凉拌海参与《随园食单》

近来天热，难耐厨下的油煎火燎，学孟子所谓的君子，不近庖厨。即使下厨，也甚少举火。一日午觉醒来，突然想起当年梁实秋与闻一多，执教于青岛大学（山东大学的前身），逢周末或假日，与同事数人，张饮酒楼之上。酒以尚好的绍酒，一坛约三十斤为度，菜肴则随季节变化。

时值盛夏，梁实秋要店家治凉拌海参一品。海参切丝置于冰柜，临吃取出，下调味料葱丝、芝麻酱、蒜泥、芥末、香油、酱油、醋调拌，是消暑下酒的佳肴。于是，立即起身，冰箱里尚有日前发妥的乌参一条，洗净，滚鸡汤下料酒及葱姜出水，以冰水淘之，凉透后切丝，置于冰箱，吃时取出，垫以黄瓜丝，拌以调料，并和以嫩姜丝与陈皮丝，再滴太仓糟油少许，即可。是晚，更饮贮于冻格的伏特加数杯，伏特加冰冻后，其稠如油，入口一股冰凉直落丹田，配凉海参食之，端的是绝佳妙品。

海参入馔，由来已久。三国时，吴沈莹《临海风土异物志》称海参为土肉："土肉，如小儿臂大，长五寸，中有腹，无口目，有三十足，炙食。"元贾铭《饮食须知》，分析海参，认为其"甘咸，性寒滑，患泄泻与下痢者，勿食。"谢肇淛《五杂俎》叙海参之形状及其性："海参，辽东海滨有之，一名曰海男子，其状如男子之势，然淡菜对之。其性温朴，足敌人参，故曰海参。"初海参多为药用，明清之际的《本草从新》《百药镜》有记载。《百药镜》谓以海参充庖熘猪肉，食可健脾。《小闽记》则说："海参得名，亦以能温补也。"因海参性温，与鱼翅并为宫廷御食。《明宫史》饮食好尚条下载："海参，鳆鱼，鲨鱼筋（鱼翅），肥鸡，猪蹄筋，共烩一处，名曰三事，恒喜食用焉。"

入清以后，对海参的记载渐多。赵学敏《本草纲目拾遗》对海参的生长环境、加工的方法皆有叙述，并谓海参"四五月则伏海中极深处，或泥穴中，不易取。其质肥厚，皮刺光泽，味最美，名曰伏皮。价颇昂，入药以此种为上"。郝懿行《海错记》则谓"海人没底取之，置烈日中，濡柔如欲消尽，瀹以盐则定。用石灰腌之，即坚韧而黑"。其腌制之法与今同。至于海参入馔，袁枚《随园食单》海鲜条下有"海参三法"：

海参，无味之物，沙多气腥，最难讨好。然天性浓厚，断不可以清煨也。须检小刺参，先泡去泥沙，用肉汤滚泡三次，然后以鸡、肉两汁红煨极烂；辅佐则以香蕈、木耳，其色黑也。大抵明日请客，则先一日要煨，海参才烂。常见钱观察家，夏日用芥末、鸡汁拌海参丝，甚佳。或切小丁，用笋丁、香蕈丁入鸡汤煨作羹；蒋侍郎家用豆腐皮、鸡腿煨海参，亦佳。

《随园食单》所列的海参三法，一为煨焖，一为作羹，一为凉拌。其凉拌"夏日用芥末、鸡汁拌海参丝"，梁实秋凉拌海参的灵感，或得自此。凉拌海参一味，亦售于食肆，《桐桥倚棹录》记载光绪年间苏州虎丘桐桥间的食肆，出售的众多菜中，有烩海参、十景海参、蝴蝶海参、海参鸡、拌海参等多种。其拌海参或与《随园食单》同，已成为市井流行的佳肴。

随园主人袁枚，清乾隆四年进士，翰林院庶吉士，前后历任江苏溧水、江宁知县。年未四十即退官，于南京小仓山筑随园，或谓随园所在，即曹雪芹家的旧府第。自此隐影山林，广交宾朋，论文赋诗五十年，是清代著名的文学家与诗人。著有《小仓山房诗文集》《随园诗话》《随园随笔》多种。《随园食单》是袁枚四十年饮馔经验的集结。《随园食单》序云："每食饱于某氏，必使家庖往彼灶觚执弟子礼。"每在外得佳肴，即命家厨前往执弟子礼学习。因此"四十年来，颇集众美"。《随园食单》刊于乾隆五十七年，反映了清康乾盛世的江南饮馔风貌。

袁枚在《随园食单》序，批评了孟子的饮食观念，他说："孟子虽贱饮食之人，而又言饥渴未能得饮食之正。"这种批评不仅突破以往饮馔之书，著录于"农家""方技"的框限，并将饮馔之书提升至艺术的层面。《四库全书总目提要》即将饮馔之书，自"农家"与"方技"析出，与器物、墨砚、花卉并列，置于"艺术"之后，另成"谱录"一类。负责主编《四库总目》的纪昀与袁枚同时，《随园食单》更实践了这种观念，并引导明清文人食谱更上层楼，进入一个新的境界。饮食虽为小道，但袁枚认为也是一种学问。他说："学问之道，先知而后行，饮食亦然。"

《随园食单》全书分"须知单""戒单""鲜单""江鲜单""特牲单""杂牲单""羽族单""小菜单""点心单""茶酒单"等14种，三百余品。对于各种材料的处理，一如其写诗论文，特别重视性灵。所以他说："凡物各有先天，如人各有资禀，人性一愚，虽孔孟教之无益也。物性不良，虽易牙烹之，亦无味也。"中国饮馔之书可分三类，一为叙烹调之法，如北魏崔浩《食经》；一为仅载菜肴品目，如唐韦巨源《烧尾宴食单》，一为叙饮馔掌故，如宋陶谷《清异录》。袁枚《随园食单》叙烹调之法，仅举大端。但举一反三，并参照扬州盐商童岳荐的《调鼎集》，仍有迹可循。此后的淮扬菜系即由此出，也是京苏大菜的渊源所自。

犹忆十多年前，初访金陵，寓于南京大学，得识其餐厅的莫师傅。莫师傅是餐厅外包的老板，特一级厨师。或出自胡长龄门下。胡长龄是金陵的首厨，能治随园菜。几次餐叙都是由莫师傅掌勺，吃到地道的金陵美肴。于是和他谈到随园菜。当时刚开放不久，他说材料不易取。的确，后来我临行，回请接待的诸先生，请莫师傅治一席。席间有冬瓜盅一味，所用的冬瓜，还是莫师傅亲自下乡自个体户家中搜得。因为当时市上所售冬瓜，既大且老不堪用。后来经济渐醒，发展观光，各地纷纷出现仿古菜，杭州有八卦楼的仿宋菜，西安有曲江宴，红楼、金瓶饮馔也流行起来，南京的随园宴也应运而生。我虽皆未尝其味，但观其图片及文字记载，多华而不实，难见神韵。

不久前，饮食文学研讨会在台北召开，于圆山饭店摆过一次随园宴。不知谁拟的菜单，是日菜肴多不见于《随园食单》。可考者仅虾饼，按《食单》"水族无鳞单"，有"虾饼"条下："以虾捶烂，团而煎，即为虾饼。"夏曾传《随园食单补证》："或以网油卷而灼之，即为虾卷。"是日金钱虾饼颇类粤菜的桂林虾丸，是油炸而非"团而煎之"。

另有小菜大头菜一碟。案《食单》"小菜单"条下，有大头菜一味，仅云："大头菜出南京承恩寺，愈陈愈佳，入荤菜中，最能发鲜。"台湾所制大头菜，过咸而不香。须入水浸泡半日，始可食用。承恩寺的大头菜已不可得，扬州三和酱园的大头菜仍可用。不过夏曾传《随园食单补证》，引《云南记》叙云南大头菜，谓"绿山野间，有菜大叶而粗茎，其根若大萝卜，土人煮其根叶而食之，可以疗饥，名之诸葛菜。"因诸葛亮南征时，军士曾以此菜充粮，故名。诸葛菜之根腌制后即为云南大头菜，夏曾传以此补注《随园食单》

大头菜,云南大头菜或与承恩寺大头菜味相近。

前时去香港,在街边南货店货架底层,搜得云南玫瑰大头菜两盒。归来,忆起《食单》所谓大头菜"入荤菜中,最能发鲜"。于是,试依《食单》所载炒肉丝之方,略以调配,成大头菜炒鸡丝一味。按《食单》所载炒肉丝:"切细丝去筋用清酱、酒郁片刻,用菜油熬起白烟变青烟,下肉炒,不停手,加蒸粉、醋一滴、糖一撮、葱白、韭蒜之类。"以肉丝换鸡的里脊丝;以云南大头菜,配阿里山发妥的冬笋尖、红椒一朵,并切细丝。依《食单》之法烹调之,出锅之后鸡丝与大头菜黑白分明,并衬以笋尖的微黄、椒丝的润红,色彩鲜艳,鲜味尽出,配粥下饭,夹馒头或酌酒,皆宜;置于冰箱亦可冷食。所以一粥一饭一看,当思来处不易。而且皆有渊源,虽有变化,但不离其宗,不是凭空臆想的。

那日随园宴,我也应邀敬陪末座,席间要我说几句话,我仅说随园之食,宜小锅小灶,不适合拜拜(大宴),是日席开十余桌,热闹喧哗非凡,但已无人想到袁枚《随园食单》的雅致了。袁枚视其《食单》与诗作等同,其《杂书十一绝句》咏《食单》云:"吟咏闲余著《食单》,精致乃当咏诗看。出门事事都如意,只有餐盘合口难。"不难体会袁枚《食单》所蕴的诗意了。

出门访古早

前些日子，送别一位香港来访的朋友，朋友住在许昌街的青年会。过去我在香港，往来台北，常住在那里，对附近的环境很熟。所以临出门，就想到和朋友挥手道别以后，时已近午，何处午饭？心里盘算去赵大有，吃豆腐羹打卤、爆咸黄鱼；去隆记来盘清炒虾仁配菜饭，外加一碗黄豆汤；去桃源街，吃碗红烧牛肉面，再来一份蹄花；或去沅陵街的添财，吃寿司和关东煮……不过后来还是去了附近的大鼎肉羹店，来一碗卤肉饭、一块焢肉、一个卤蛋、两碟白菜卤，还有一碗大鼎肉羹。

出门前，我常这样，方位既定，跟着就想附近有什么可吃的，然后欣然前往。生活在现代，和过去农业社会不同，很少能不出门。《颜氏家训》说："能守其业者，闭门而生之具以足，但家无盐井耳。"意思是说只要坚持农业生产，开门七件事，除了食盐之外，其他日常生活所需，无须外求，可以关起门来过日子，没有出门的必要。现在我们脱离土地日久，身似漂萍，无根可依，为了糊口，终日奔波，晨起就得惶惶出门，不知何至。以前我的一位老师，深通命理之学，每日出门，必占一卦。顺，则终日笑口；逆，则阴霾满面，随侍弟子观其面，就知今日阴晴圆缺了。的确，这年头出门难，出门必有所求，有所求则负荷必重。但到后来，常是不如意者有八九。于是，怨出门运不顺、路不坦，心遂不平。因此，举世滔滔，在个"乱"字里打转。

我也出门，但年逾知命，似已无所求了。即有所求，也很卑微。不过出门之时，顺便吃几样可口的而已。如吃不如意，心亦不平，但无伤大雅，至多生个闷气，闭口回家。其实人只有一张口，想吃也吃不了许多。那天一碗卤肉饭，一碗大鼎肉羹，已心满意足。大鼎肉羹是道地的古早乡土小吃。既名大鼎，即用巨大的锅，煮沸已调味的汤，将赤肉与鱼浆糅合，下入锅中，再配以小切的菜头块，上桌时加芫荽数朵提味，味至清鲜，不似一般羹类的浓稠。每次过此，都来一碗。这种古早的乡土小吃，像基隆庙口的豆签羹一样，已渐渐被人遗忘了。不过，对于那些逐渐被遗忘的人和事物，我都怀有深切的思念。并非自己学的是历史，又靠此营生糊口。只是在现代迅速转变的社会环境中，自己步履蹒跚，老是跟不上别人的步子，配不上别人吹的调。心想这样也好，可以坚持自己的原则和理念，始终如一。所以，被一位治思想史的朋友，称为无可救药的快乐保守主义者。作为一位快乐的保守主义者，不是对着镜子看项上萧萧白发，心里却怀着一个十八岁少女的梦。因为旧梦不堪记，已消逝的，再无法挽回。任何一个政治时代，即使万岁，终归还是个历史过渡的符号。这几年，青眼观世，只见许多人顶着正午日头，挥汗如雨地在那里推挤喧嚣。也许那些人出门以后，真的无事可做，才在那里哓舌啁啁，这又何苦！

在这种嘈杂之中，"退藏于密"，不失是个心静自然凉的好方法。这几年置身市井，退藏于吃中，倒也落得个清闲。吃虽是小道，但人只要活着，就得吃，这是天经地义的事。而且，吃无地域南北之分，古早现代之别，党派政治之殊。所以，吃是一个普遍的观念，超越一切狭窄人为的区划而存在，吃或不吃，悉听君便。但人不是牛，牛只会吃草。人再蠢，也不能独孤一味。饮食虽有古早，然其源流与演变，涓涓似流水，自有脉络可循。但却有人欢喜喝贡丸汤，即使出国坐飞机，也坚持此味，不知想突出些什么！

贡丸一味虽是新竹名产，然其源远流长，出自周代八珍之一的"捣珍"。其制法取牛、羊或麋鹿的肉，"捶，反侧之。去其饵，孰出之，去其皽，柔其肉。"即将作为材料的肉类，反复捶打，去其筋膜，挤成丸状，是其特色。北魏崔浩《崔氏食经》有"跳丸炙法"，即承其遗绪。"跳丸炙"制作过程："羊肉十斤、猪肉十斤，缕切之。生姜三斤、橘叶皮五叶、藏瓜（瓜菹也）二升、葱白五升，合捣令如弹丸。"《北堂书钞》引《崔氏食经》，"跳丸炙"作"交趾跳丸"。隋唐统一，南北混同，"跳丸炙"传到岭南，而称"交趾跳弹"。所以，段公路《北户录》，已不知其源流，认为"跳丸

炙"是南朝食品。这种黄河流域的北方食品，经中原南移的
客家人，辗转传到珠江流域。目前东江客家，潮汕地区的牛
肉丸，即源于此。贡丸是杠丸的省称，制法与牛肉丸同，即
以杠捣肉而成，且具有弹性。当年客家先民渡海而来，牛肉
丸制法也随着由唐山过台湾。只是当时耕牛是拓垦的主要劳
动力，非常珍惜，不忍宰杀食用，而以猪肉代替，然后有贡
丸。如另一味客家菜酿豆腐，或由客家人对故乡水饺的怀念
而来。当年客家人初到岭南，在地尚无面粉生产。于是，将
肉剁馅，酿于豆腐之中，聊慰乡情。

　　一粥一饭，一看一菜，都自有来处。所以，过去一段
日子，我常出门访古早。数度行脚南台湾，在台南吃虱目鱼
粥、切毛肚、鸭肉羹；去潮州访牛杂，到万峦啃猪脚，美浓
尝粄条和菜包。在六龟吃红烧田鼠和山猪肉之余，竟吃到一
味蜂窝虾仁。蜂窝虾仁以蛋和虾仁，入油炸酥，状似蜂窝。
若以此与白菜冬粉同烩，即为蛋酥冬粉。蛋酥冬粉是一味非
常古早的乡土美味，惜早已被遗忘了。饮食一道，往往累积
数代经验而成，却一朝即被摒弃。过去杨云萍师每年春节，
都找我去他府上吃春酒，杨师母亲自下厨，必有红烧鱼翅羹
一味。杨氏士林望族，红烧鱼翅羹是家传之秘，他处所无。
我向杨师母习得其方，常于大白菜丰收时一试，已得三分神
韵。台湾巨室大家，都有家传私房菜。所以，我的同事阿三
哥写雾峰林家时，我见面就问他看档案时，林家是否有食单
传世。

　　去年暑天，曾福建一游，先福州，然后泉州、厦门。其目的在探访古早，因为台湾的乡土小吃，多源于福建。

　　福州是旧游之地，也是我离开大陆最后的落脚点，1949年初，在此居停了近半年，但在离乱仓皇之中，并没有留下什么印象。此次重来，想再尝尝此地的鱼丸和鼎边趖。这两味小吃皆源于福州，后来流传到台湾，成为此地民间普遍的乡土小吃。鼎边趖者，摊旁必置大锅一口。所谓趖，即慢行之意。将调妥的米浆，沿烧热的锅边轻轻浇下，任其在锅中慢慢流下而凝固，成形后铲起成卷状，盛于已调妥的汤料中。汤以虾米熬制而成，下香菇丝、蚵干、鱿鱼丝等料，并加虾油调味，盛在置于热水中的陶罐内保温，现制现吃，吃时撒韭菜末一撮提味。鼎边趖已成为台湾民间风味小吃，不过现在已非现制，摊旁多不置锅，基隆庙口虽有，也是备而不用。

　　晨起，独自出得宾馆，穿街过巷觅趖，这个城市还没醒，只有几个背着行李赶早班汽车的乘客，默默走着。还有三两个带着工具去上工的个体户，谈笑着擦肩而过。最后，终于在条狭巷内找到一家卖趖的摊子，坐下来了一碗，鼎边趖盛在一个大铝锅内，也不称趖，名之为糊，没有任何配料，灰白的一碗，真的是名副其实为糊了。我又要了个韭菜酥配食，韭菜酥以韭菜和米浆，入油炸透，状似手镯，也是福州著名的小吃。不过我这只韭菜酥，也不是现炸的，既不酥，咬起来似吃牛皮。没有想到福州民间小吃，竟堕落到如此地步。

　　然后，上街访鱼丸。鱼丸即我们习称的肉心福州鱼丸。对于福州鱼丸，我似情有独钟。过去，宁波西街横巷中，一家福州面摊的鱼丸和干拌面甚佳。鱼丸以新鲜海鳗打制而成，软硬适度，馅和汤均鲜美。我前后在这个小摊吃了二十多年，后来老板故去，摊子也收了。从东门市场找到南门市场，都没找到可口的福州鱼丸。现在既来福州，鱼丸当然要吃的。但吃了两三家，真的已非旧时味了。后来坐计程车，和司机谈得投机。于是我问哪里能吃到可口的鱼丸。他非常热心，载我们去一家专卖鱼丸的小店，停车，然后说："这是最好的。"于是匆匆下车，到店里吃了一碗，馅尚可，只是皮掺粉过多，软软的没有咬劲。小吃既然如此，然后去了百年老店"聚春园"。点了淡糟螺片、白炒瓜片（黄鱼），皆无，只好退而求其次，要了红糟鸡和荔枝肉，亦不见奇。下箸便思念起过去的南昌街"宝来轩"的方老板，两相比较，才知道方老板的福州菜地道得多，可惜他们全家已经移民了。

　　三天后，去厦门，路经泉州，这的确是个难得机会。闽菜以福州、闽西、闽南这三个支系组合而成，中国八大菜系之一。这次行程原本是到武夷一游，顺便也可品尝闽西风味，因天雨路泞作罢，临时改赴闽南，正合我意。武夷虽未成行，但在福州的"农庄"餐厅，品尝到闽西焖龟、炖蛇、炸大蚂蚁与蝎子。不过，我心里想的还是闽南，闽南菜是构成闽菜重要的一支，由晋江、泉州、厦门、漳州沿海的城市组合而成。其中泉州是古刺桐港，海上丝路的起点。先民多自泉州渡海而来，台湾的饮食也源自泉州。所以，泉州是我探访古早最想去的地方。

和福州相比，泉州是个古朴的城市，黄昏时分，从泉州的旧街经过，街道不宽，店铺隔街相望，店内灯火灿然。这情景仿佛见过的，像是台湾乡镇的旧街。路旁植树，家家店铺门前树下，置小几矮凳，店主与友人相对而坐，泡茶言欢，状至悠闲。所说尽是"乡音"，听来倍觉亲切。泉州自古商贾云集，菜肴自成一格，现在著名的菜馆是中山路的"满堂饭店"，此外，过去还有"德意楼""乐天台""四海春"等，不过，我们晚饭却在宿处附近的一家旧馆子。门面残旧，楼上有桌面数张，盖有年矣。但菜肴却保持了古早味，并丝毫没有受到所谓改革开放的浸染。是日菜肴有土笋冻、莲子煨猪肚、红焖通心河鳗、桂花蟹肉、清蒸加力鱼，其中土笋冻以海中的土蚯制成。土蚯学名星虫，含丰富胶质，煮熟冷却后，即凝结成水晶块状，晶莹通透，柔糯清爽，且富有弹性，以作料配食，味至鲜美，是闽南特有的佳品。至于莲子煨猪肚，将猪肚过水洗净，与鸡块分别列于大碗中，上铺白莲，加作料上笼蒸两小时，反扣于盘中。此味传至台湾，以菜头代白莲。红焖通心河鳗，晋江下游，所产乌鳗肥美，鳍耳呈黑色，称为乌鳗。此味先将鳗鱼切段，过油炸至金黄色，与五花肉片、香菇、笋片同焖，然后将鳗鱼段取出，以竹签去其骨、塞以笋丝与火腿丝，与先前的焖料上笼蒸透，反扣盘中即成。桂花蟹肉即将梭子蟹析其膏肉，与笋、荸荠、碎肉及蛋搅拌成糊状，入油锅翻炒，此菜关键在火候，蛋松而肉不碎。加力鱼即鲷鱼，其蒸法与现流行的港式蒸鱼不同，加葱白、冬菜、肥猪肉，与肉汁，蒸约半小时即成。这些菜都是当地家宴酒席的佳肴，也是过去台湾拜拜办桌常见的菜色，只是现在渐渐成古早了。

除主菜外，并配以刈包、五香鸡卷、炒面线、虾丸汤，这些当地的小吃，除了炒面线，都是台湾常见的街边小吃，吃来甚合胃口。这是在此次旅途中，最丰盛且慰乡情的一餐。饭后，步行返宿处，路旁的小吃摊已经摆开了。荧荧的灯光中伴着升起的水汽和匆忙从摊旁走过的脚步，泉州的夜色变得闹热了。我在一档珍珠鱼丸摊子前停下，小锅小灶，矮桌矮凳，锅里的鱼丸，鱼丸的颗粒也很小，非常有趣。于是，我坐下来要了一碗。站在旁边的太太说："不是刚丢下筷子吗！"我抬头笑着说："尝尝，只是尝尝。"

然后，将太太送回宿处，又独自弯回街上，先后吃了扁食、肉粥、炒米粉、干面、蚵仔煎、切毛肚、肉粽、面线糊等，七八样当地的小吃。前后不到一小时，真的是名副其实的尝尝了。我选的都是台湾街边常见的小吃，虽然没法细细品味，但发现二者的味道确有相似，这也说明台湾的饮食与泉州脉络相承。当然，任何一种饮食经过传播后，由于地理环境与饮食习惯的影响，其味道或制法也有所改变。其中面线糊即台湾的大肠蚵仔面线制法，不过，面线糊的蚵仔与大肠，或肉片、下水等料于吃时选妥后始放入，如广东粥的制法。面线糊是泉州人的消夜或早点，并配以油条。复兴南路有泉州肴馔店，专售面线糊，味道近似。

在泉州夜市吃小吃，虽然匆匆草草，却是历次大陆行走中最亲切的一次。不仅味道，摊档陈设、店主言谈都非常熟悉。最后在一家肉粽和面线糊的小铺坐定，店主是位微胖的中年妇人，正忙着冲洗店面，准备打烊了。她将面线糊与肉粽端来，就坐在对面聊起来。她端详我的衣着举止，不似外来客，说很少见我来吃。我一面拨弄着肉粽，一面笑着说，刚从北面回来。她哦了一声，然后静静地看我扒着面线。店内相对寂寂，店外夜已深沉，隔街刚吃过的扁食摊子，一灯荧然，锅中蒸气飘散，蒙蒙一片，这情景仿佛在哪里见过的，也许是三四十年前，台湾南部乡间的露店。不过，那已是很古早的事了。

只剩下蛋炒饭

有次在香港与朋友聚会，座上有位刚从美国来的青年朋友，经介绍后，寒暄了几句，我就问："府上还吃蛋炒饭吗？"他闻之大惊道："你怎么知道？怎么知道的！"这位青年朋友祖上在清朝世代官宦，祖父于清末做过不小的地方官。当年他们府上请厨师，试大师父的手艺，都以蛋炒饭与青椒炒牛肉丝验之，合则用。那青年闻言大笑说："我吃了这么多年的蛋炒饭，竟不知还有这个典故。"我更问："府上还有其他菜肴吗？"他说："没了，只剩下蛋炒饭。"我闻之默然，只有废箸而叹了。

蛋炒饭与青椒炒牛肉丝，是最普通的饭菜，几乎每一个家庭都会做。我常听些远庖厨的君子说，他们最拿手的是蛋炒饭。当太太离家或罢工时，他自己做蛋炒饭吃。那还不简单，将饭和蛋炒在一起，外加葱花与盐即可。他们甚至还说，这是最稀松平常的事。其实越稀松平常的事越难做。顾仲的《养小录》"嘉肴篇总论"说："竹垞朱先生曰：凡试庖人手段，不须珍异也。一肉、一菜、一腐，庖人抱蕴立见矣。盖三者极平易，极难出色也。"竹垞，是朱彝尊的字。朱竹垞是乾嘉大家，著有《经籍考》。他也是清词名家，同时又是个知味人，留下了一本食谱，称为《食宪鸿秘》。顾仲是清浙江嘉兴人，特别偏爱庄子，曾著庄子千万言，剖解前人滋味，人称顾庄子。他的《养小录》共三卷，载饮料、调料、菜肴、糕点的制法一百九十多种，以江浙味为主。他们都认为极平易极难出色。如青椒炒牛肉，能将牛肉炒得滑嫩而不腻，青椒恰脱生而爽脆。蛋炒饭能炒得粒粒晶莹，蛋散而不碎，并非易事。

由生米煮成的饭是我们的主食，也是我们生活习惯的特色。汉民族的农业文化，就是由种植、吃米、穿丝、居屋与筑城等不同的生活习惯累积而成的。但吃饭却是个重要的环节。许慎《说文》解释：饭，食也。又说：食，米也。古人所谓食是饭或吃饭的意思。这种饭是由米蒸或煮而成。《诗经·大雅·生民》说："释之叟叟，烝之浮浮。"释是淘米，叟叟是淘米的声音。烝即蒸，浮浮是蒸汽上升的意思。《诗经》这两句描写蒸饭的情形，非常传神。中国人用米蒸饭的方法由来已久，最初我们祖先吃的饭，是炙或煮出来的。大概六千年前新石器的末期，就开始蒸饭了。半坡文化遗址发现的陶甑，就是蒸食的工具。甑的底部有许多小孔，可以使水蒸气透过那些小孔将食物蒸熟。蒸饭所用的米并非全是稻米。

古代所谓的"五谷"，《周礼》郑注说是稻、黍、稷、麦、菽。饭就是用这些不同种类谷物的米煮或蒸成的。

饭是主食，需要配合另外的菜肴进食。《周礼·天官》属下有膳夫的官职，负责天子的"食、饭、膳馐"。膳馐，郑玄注说膳是牲肉，馐是有滋味的东西。膳馐是指配饭而食的菜肴而言。《周礼》所谓"膳用六牲，馐用百二十品，珍用八物"，是周天子吃饭配用的菜肴。其中八珍最名贵。这八种珍贵的食物，由食医调治后，交膳夫烹饪成菜肴。八珍到底是什么，《周礼》并没有明确说明。郑玄注八珍说是淳熬、淳母、炮豚、炮牂、捣珍、渍、熬、肝膋。《礼记·内则》篇有较细的制作方法。这八种珍食不但是周天子的御食，也是养老的食品。所谓八珍，现在看来也不是什么珍品异食，炮豚、炮牂，是烤猪烤羊，只是制作的过程比较繁复。捣珍则取牛羊或麋鹿的里脊肉，反复捶捣制成丸状，颇像今日东江菜牛肉丸，或新竹贡丸的制法，熬是腌制的咸肉。渍是将牛肉放入酒中浸泡而成，朝渍暮食，是脍食之法。肝膋是指狗肝的制作方法。至于淳熬与淳母之珍，淳熬则是"煎醢加于陆稻之上，沃之以膏"。淳母"煎醢，加于黍食之上，沃之以膏"。醢是肉酱，也就是将肉酱加在稻米或黍米饭上，颇似今日街边买的卤肉饭。

淳熬或淳母都是将菜肴加在饭上，主食和副食混合食用的方法，现代的烩饭渊源于此，蛋炒饭也是由此发展而成的。将蛋和饭混在一起，或出现在汉朝。马王堆出土的竹简中，有"卵稚"一味，又可释为糒或糯，也就是黏米饭加蛋。蛋炒饭相传出自杨素。杨素吃的蛋炒饭称之为"碎金饭"。后来隋炀帝下扬州，将"碎金饭"传到那里。据说碎金饭，饭要颗粒分明，颗颗包有蛋黄，色似炸金，油光闪亮，如碎金闪烁，故名。唐韦巨源《食单》，有献给唐中宗吃的"御黄王母饭"，"御黄王母饭"是"遍镂卵旨盖饭面，装杂味"。这是什锦蛋烩饭，与蛋炒饭无关。杨素嗜食的"碎金饭"，就是现在大陆扬州"菜根香"的"金镶银"，其制法是蛋饭同炒，而以蛋裹饭，手法要快，即在蛋将凝未凝时落饭，猛火兜炒，使蛋凝于颗颗饭粒之上，黄白相映成趣，说来简单，做起来却不容易。蛋炒饭再配其他作料，就成为广东菜馆的扬州炒饭。广东馆子出售淮扬菜系的扬州炒饭是非常有趣的事。因为粤菜在近代中国菜系形成过程中，是一个最能兼及他人所长的菜系。鸦片战争之前，广州已是通商口岸，广州有许多江南菜馆，粤菜汲其所长，扬州炒饭就是其中之一，一如今日粤菜馆出售的星洲炒米粉。这种炒米粉由福建传到南洋，然后再回流过来。所以炒米粉里面多了辣椒，当然稍添咖喱也不出其规范。

　　一饭一菜都自有其渊源，如果坏其流、破其体，就不堪问了。目前台北号称中国菜荟萃之地，地无东西南北都集于斯，但却犯了上述大忌。一日集会中，得亲梁实秋先生。后学问于夫子："台北的菜如何？"答曰："前几年每家菜馆，还有几样可吃，现在没了！"精于中国食道，实秋先生是目前硕果仅存的三数人，竟有如此的感叹，可想而知了。一日与朋友饭于彭园。以彭长贵为名的彭园,得谭延闿先生家传,号称湘菜正宗。我问那点菜的领班,可有东安鸡?那状似聪明的领班,竟嗤之以鼻说,这菜已落伍,他们早就不做了。东安鸡出于湖南东安,故名。其制法是将嫩母鸡洗净后,置于汤锅中至七成熟,取出启肉去骨,顺肉纹切成长寸五分、宽约四分的长条,姜切丝,红干椒切细末,花椒子拍碎,葱切寸段,在旺火上炒制,加绍酒、黄醋、精盐即可。这味菜红白绿黄四色相互衬映,味道酸辣鲜香,是湘菜馆的看家菜。那后生领班竟理直气壮地说这味菜落伍了。我真不知道他吃了这么多年的饭,为什么到今天还吃饭!

那后生说没有东安鸡,却向我们推销清蒸青衣。蒸鱼是广东人的绝活,湘菜馆出售清蒸海上鲜,好有一比,那真是林则徐当总督,统领湖广了。今天台北的菜已被一些新兴的暴发户,掌灶的毛头小伙子弄得杂乱无章、毫无体统了。无怪知味如实秋先生默然而叹,其不学后生如我者,往往也会临案废箸。没有想到今日台北的菜,竟堕落到这种地步。无怪美国的"某当奴""啃大鸡"甫一上岸,就所向披靡了。

"某当奴""啃大鸡"来势之汹涌,远超过五四时期德赛二先生的东来。当年德赛二先生的驾临中国,影响的层面只限于喋喋不休的知识分子丛中。虽然知识分子自认为肩担整个时代与社会的责任,但在任何时代与社会中,被认为或自认为是知识分子的,毕竟是少数。但"某当奴""啃大鸡"却不同,瞬间已五步一档十步一楼,在喧嚣的闹市开起来,其触角已延至我们社会的每一个角落。虽然售价高昂是世界之冠，但仍携小拖幼趋之若鹜。据说十年前"某当奴"已在花都巴黎出现，但事隔多年只增设一家。也许法国佬坚持他们啃干面包、喝葡萄酒的优越饮食传统，不像我们完全被这种两片面包夹一个生腥的牛肉饼，外加洋葱和酸黄瓜的食物倾倒了。这是自张骞凿空带回"胡味"以来，最大的一次非我族类的食品入侵，而且影响普及整个社会层面。

饮食习惯是文化结构重要的环节，代表美国口味的牛肉饼，就是美国文化的结晶。这种食品的特色是品质标准划一，取食迅速而卫生。标准与迅速正是美国文化的特质。这种文化特质是由科学文明提升而成的。"某当奴"具体地表现了这种文化特质。"某当奴"是美国典型的吃，这些年像美国的饮料可口可乐一样，随着美国文化传播到各个角落。所以，一个美国人浪迹天涯，也有他们的俚味可吃，是不会患思乡病的。

中国吃和美国吃不同，一如其文化的差异。中国吃除了果腹，最高的境界是一种艺术的表现。所以，《四库总目》将有关食谱的书籍，与琴棋书画归纳为一类，其原因在此。美国吃都是科学的。除了"某当奴"，美国家庭的厨房，更是现代科学产品的展示场所，举凡电烤炉、电搅拌器、电榨汁机，以及处理冻鱼冻肉用的电锯、电剪，一应俱全。还有开罐器、计量器、计时器等等，当然最重要的得有一本食谱。不论菜肴或点心都遵照食谱所列的标准制成。据说美国人一年每人几乎花费一美元以上，购买各种食谱。平均每个妇女有精装食谱 6.8 册、平装食谱 8.5 册，也就是说每个家庭有 15 册食谱。每年出版的各色食谱 350 种以上，每年畅销百万册以上的食谱有 14 种之多。其中 1950 年出版的《贝蒂食谱》（ *Betty Crecker's Cookbook* ），已销售了两千万册以上。1910 年发行的《好家园食谱》（ *Better Home and Gardens Cookbooks* ），也销售了二千六百多万册。食谱不仅是畅销书，也是常销书。除了《圣经》之外，就数食谱了。随食谱而兴的书是减肥秘方，与食谱并列于书架之中，任君自择，悉听尊便。所以，美国人家庭离了食谱，就失去了指引，无以为食了。没有食谱，厨房里的大小机械都无法转动。正如实验室里的仪器，如果没有书上的定律定理依据，所有的实验都无法进行一样。所以，美国的吃是科学的。只要按照食谱行事，虽不中也不远了。因此，贵为总统的里根偶尔也亲临庖厨，做出标准的热狗来。

也许这些年来，欧风已逝，唯美雨滂沱。我们的社会也在美雨的冲刷下迅速转变，由开发中的社会，向已开发的社会迈进。所谓已开发也就是现代化发展的第三阶段。开发阶段分划的标准，是以科技发展的程度而定。而科技发展的程度，却又是以美国马首是瞻的。既然美国吃是科学的，当然也在全盘接受之列。只是我们对这种食物接受得太狂热、太痴情，却没有时间想到这种饮食习惯所带来的影响。君不见"某当奴"店中，我们的青少年充塞流连其间。今天的青少年可能就是明天的知识分子，他们在"某当奴"的喂养下长大，渐渐变得急躁不安，口味单调起来，到时不但已不习惯自己原有的吃，甚至连蛋炒饭也不屑一顾了。

最近这些年，随着社会的转变，高楼华厦云连而起。虽然每个大厦落成，在大厦的底层都会出现一个新的餐厅，仿佛在说我们并没有忘记自己的吃。但事实上，每出现一个新的大厦，都会挤掉一些传统风味的吃，现在连吃像样的烧饼油条豆浆，已很难得，其他还有什么可说。传统风味的吃，在现代文明的浪涛席卷下，不停地向后退缩，渐渐变成在浪涛中沉浮的孤岛，"赵大有"就是个例子。

"赵大有"是一个卖浙江口味的小店，也许就是老板的名字。三十年前，我在一家书店工作，这小店就开在对街。有时中午在店里吃饭，过去点几样小菜如鲞烤肉、鸡毛菜炒百叶等，再来碗肉丝豆腐羹打卤，或鲨鱼羹之类的送过来，他们的菜羹是非常地道的乡土口味。前去吃饭的都是些附近上班的人。三十年后这家小馆还在，却被挤到附近的一条巷子里去，在一个违章建筑里撑挺着。我去的时候，吃饭的人已经散了，老板坐在放置小菜的案后，默默地注视着案上的小菜，一如他三十年前坐在那里，只是他的头发已经花白，他坐着的皮圈椅吱吱作响。我点了几盘小菜，他一面为我搛菜，一面抬起头来望了我一眼，似曾相识地对我一笑。我又要了一瓶啤酒，在靠墙的一张小桌坐定。然后举目四望，那边两张桌子，各坐了一位老者，看样子已经有七八十岁了。

他们面前各置了两小碟菜、一瓶酒，缓缓啜饮着。他们都是这里的常客了，堂倌也了解他们的习惯，到时不用吩咐，就端上他们要的东西。也许他们在这里吃了几十年，来这里吃饭已是他们生活的重要一部分。他们孤独无依地坐在那里，像这小店一样孤独无依地存在着。他们是那么无奈，只有和这小店的老板、堂倌紧紧地拥在一起，唯恐一个浪涌过来，就把他们吞没了。是的，我听见隔壁水泥的搅拌声，在淅沥的阴雨里沙沙作响。

这小店只是现代文明浪涛里的一个泡沫。它的存在和消逝已无关紧要，因为我们的家庭结构已在改变，我们生活的饮食习惯也在转换。可能有一天，我们孩子的孩子，突然发问：饭是什么东西？我们就不知怎么回答了。是的，上苍给了我们一只饭碗，没有想到竟在我们自己手里砸碎了。

东坡居士与"东坡肉"

苏东坡临终前的两个月，看到李公麟为他作的画像，题了几句话："心似已灰之木，身如不系之舟；问汝平生志业，黄州惠州儋州。"东坡一生经历了两次放逐：一是元丰三年（1080年），他45岁的时候，谪居湖北黄州五年；一是绍圣元年（1094年），他59岁的时候，流放岭南，由惠州而儋州，在海南岛漂泊了好几年。两次的放逐表现了在政治漩涡里打转的东坡，完全失败了。这也就是他自己所说的："我生天地间，一蚁寄大磨。区区欲右行，不救风轮左。"（《迁居临皋亭》）不过，这两次政治放逐的时期，却是他文学创作的丰收季，在诗词的境界上都有新的突破与转变。他临死前把三个儿子叫到床前说："吾生不恶，死必不坠。"也许就是指这两个时期的文学作品将传世而言。

不过，这两个放逐时期的心境各有不同，表现在诗词的境界上也不一样。尤其是由惠州向海南岛出发的时候，"子孙恸哭于江边，已是死别；魑魅迎于海上，宁许生还？！"（《到罗化军谢表》）到儋耳谪所后，并准备自置棺墓，埋骨蛮荒了。东坡自言他的和陶诗"不甚愧渊明"。当然,苏东坡喜欢陶渊明,不是从谪居儋耳始。但是他到儋耳后,"残年饱饭东坡老,一壑能专万事灰"。不仅对自己政治生涯,甚至对自己的生命完全绝望了。这时才更接近陶渊明的恬静悠然。所以他说:"平生出仕,以犯世患,此所以深愧渊明,欲以晚节师范其万一也。"(苏辙《追和陶渊明诗引》)这和他初到黄州时的心情完全不同:"自笑平生为口忙,老来事业转荒唐。长江绕郭知鱼美,好竹连山觉笋香。逐客不妨员外置,诗人例作水曹郎。只惭无补丝毫事,尚费官家压酒囊。"这虽然是自嘲,但却也有无奈的潇洒。因为他这时还不想"休官彭泽贫无酒",而想做一个"天涯流落俱可念"的白居易,虽然谪放是暂时的。因此他这个时期的诗词,在落寞悲凉里难抑奔放的激情,也许这就是他自己所说,写诗填词如饮食一样:"饮食不可无盐梅,其美在咸酸之外"的境界。他在黄州的诗词,也就更有言味了。

黄州五年是苏东坡一生"志业"的重要发展阶段。他弟弟苏辙说,黄州以前,他们兄弟俩文章不相"上下",但自东坡谪居黄州,"杜门深居,驰骋翰墨,其文一变,如川之方至,而辙瞠然不及矣。"(《东坡先生墓志》)的确,苏东坡在黄州,不仅留下"大江东去"的千古绝唱,并且还有两部学术著作,一部是继续他父亲的未竟之作而完成的《苏氏易传》九卷,一部是他"自以意"的《论语说》五卷。他在黄州更辟荒东坡,并盖了"东坡雪堂",自此后就自号东坡居士了。他在黄州的诗词和文章，留待文人雅士吟哦和研究。他在黄州却制作了一味"东坡肉"，遗爱至今，使我们俗人闻香垂涎。

东坡《于潜僧绿筠轩》诗说："可使食无肉，不可居无竹。无肉令人瘦，无竹令人俗。人瘦尚可肥，俗士不可医。"似乎他爱竹甚于食肉。尤其因"乌台诗案"，差一点断送了"老头皮"，而谪黄州，最初因怕"醉里狂言醒可怕"，饮酒暂时有了节制。由于减少饮酒，连带肉也少吃了。《东坡志林》载他的"记三养"："东坡居士自今日以往，不过一爵一肉。有尊客，盛馔则三之，可损不可增。有招我者，预以此先之，主人不从而过是者，乃止。"东坡饮不过量，是怕酒后失言。至于不食肉，是初履黄州，经济情况窘迫，所谓"先生年来穷到骨，向人乞米何曾得？"甚至在黄州送苏辙的女婿王子立的时候："送行无酒亦无钱，劝尔一杯菩萨泉。"饮一杯泉水就算送行了。在《与李公择简》中，叙述当时他"痛节俭"的方法，每天的用度不超过150钱。月初，取4500钱分成30串，挂在屋梁上。每天用叉挑下一串，就把叉子藏起来。若这150钱没有用完，另外放在竹筒子里，准备作宾客往来的招待费用，所以连肉也少吃了，他还自我解嘲说："口体之欲，何穷之有？每加节俭，也是惜福延年之道。"后来离开黄州，写诗寄给隐居蕲春的吴德仁："谁似濮阳公子贤，饮酒食肉自得仙。"回忆当时，对吴德仁仍有羡慕之意。

东坡到黄州第二年，仍然"日以困匮"。与他相随了二十年的朋友大胡子马正卿，为东坡向郡中求得黄州东门外，"冈陇高下，东坡则地势平旷开豁，东起一垅颇高"（陆游《蜀中记》），荒废已久的旧营地。于是东坡开始"躬耕其中"，但"废垒无人顾，颓垣满蓬蒿"，对初次拿锄头的东坡来说，确是非常艰辛的。他的"东坡道八"道出了这次拓垦的苦乐。

后来又在这里盖了房子，房子是在大雪中落成的，命名为"雪堂"。他并亲题了"东坡雪堂"四字匾额。他的《江城子》下半阕，描写了"东坡雪堂"的风貌：

雪堂西畔暗泉鸣，北山倾，小溪横。南望亭丘，孤秀耸层城，都是斜川当日境。我老矣，寄余龄。

《江城子》的上阕，有句"昨夜东坡春雨足，鸟鹊喜，报新晴"。这种开朗的心情，已不是初来时"明朝酒醒还独来，雪落纷纷那忍触"的孤寂，也没有"君门深九重，坟墓在万里，也拟哭途穷，死灰吹不起"的谪客幽怨了。他谪居黄州，虽然故旧不相闻问，但却又结识了一批新朋友，于是出放春郊，煮酒禅院，而有"数亩荒园留我住，半壶浊酒待君温"，"已约年年为此会，故人不用赋招魂"之句，他的诗词也放达了，表现了他对当时环境非常满足，安于现状，再没有那种飘零的叹感了。他自号"东坡居士"，而有"五亩

渐作终老计",甚至准备在黄州久居。于是东坡不仅"夜饮东坡醒复醉",并且也大碗吃肉了。东坡《猪肉颂》说:

> 净洗铛,少着水,柴头罨烟焰不起。待他自熟莫催他,火候足时他自美。黄州好猪肉,价贱如泥土,贵者不肯食,贫者不解煮。早晨起来打两碗,饱得自家君莫管。

《东坡诗话》说:"东坡嗜猪肉,在黄冈时,尝作猪肉诗。"这就是后来"东坡肉"的由来。东坡《猪肉颂》的"柴头罨烟焰不起",《诗话》作"慢着火",是其制作的方法。其实这两种意义是一样的,那就是煮肉要用文火。

东坡不仅嗜肉,而且精于烹饪。他的《雨后行菜圃》诗就说:"谁能视火候,小灶当自养",所以他煮肉特别注意火候。在《老饕赋》中就说:"水欲新而釜欲洁,火恶陈而薪恶劳",煮肉的火候控制要恰到好处。火过了头,就干燥难吃了。不仅煮菜,蒸菜也该如此:"九蒸曝而日燥",菜一再蒸炊也就不好吃了。在制作过程中,锅里水、灶中火必须互相配合:"水初耗而釜泣,火增壮而力均。"这是制"东坡肉"的诀窍所在。

东坡既爱竹又嗜肉,这又涉及俗和雅的问题。不过,这个问题也是容易解决的。因此,后来将东坡的《猪肉颂》改成:"不可居无竹,不可食无肉。无竹令人俗,无肉使人瘦。若要不俗也不瘦,餐餐笋煮肉。"这样一来,"东坡肉"就变得雅俗共赏了。所以,"东坡肉"从来就是与笋同煮,也许自东坡时就是这样了。笋作为煮肉的材料,在黄州是不会缺乏的,东坡初到黄州就发现了。他的《初到黄州》诗,就有"长江绕郭知鱼美,好竹连山觉笋香"。笋香不仅在黄州各地,开辟后的东坡雪堂四周就有好笋。东坡四周不仅植桑、桃、桔、枣等果树,还有由巢三带的四川元修菜,以及向大冶长老求来的桃花茶。当然,松竹是少不了的。雪堂初建时,东坡就计划种竹子了。他说"好竹不难栽,但恐鞭横逸",而影响了雪堂的幽雅,不过后来还是选了适当的地方种植。由竹根破土而出的竹笋,可能就是东坡煮肉的好配料。

中国是一个吃猪肉的民族,和筑城一样,也是农业文化的特性之一。西周时代"炮豚",就被列为八珍之一,见于《礼记》,今日的烤乳猪,就是"炮豚"演变而来的。不过,宋代因受了辽金生活习惯的影响,而欢喜吃羊肉,后来南宋时的临安也受到了感染。《梦粱录》卷十六,记载临安饭店所卖的羊肉菜肴,就有二十几种之多,如蒸软羊、羊四软、酒蒸羊、羊蹄笋、细抹羊生脍、米羊脯、糟羊蹄、灌羊肺等等,以及沿街叫卖的熟羊肉,点心铺也有羊肉馒头出售。看来羊肉已是大众普遍的食品了。因此,对羊肉的烹饪方法很多,而且又非常精致。曾游江淮二十多年的泉州人林洪,在他所写的《山家清供》,著录了"山煮羊"一味的制作方法:"羊作脔置砂锅肉,除葱椒外,有一秘法,只用槌杏仁,活水煮之，至骨亦糜烂。"

不过，东坡虽是老饕，却不怎么欣赏羊肉。认为羊肉就像藤条似的无味。但东坡嗜食猪肉，谪居儋州期间，却苦无肉可食。他被放儋耳的时候，弟弟苏辙也贬谪到雷州，东坡听说苏辙瘦了，就想是因没有猪肉吃。他在《闻子由瘦》诗中，就道出自己在儋耳没有肉吃的苦况，而说"五日一见花猪肉，十日一遇黄鸡粥。土人顿顿食薯芋，荐以熏鼠烧蝙蝠。旧闻蜜唧尝呕吐，稍近虾蟆缘习俗。"自注说："儋耳至难得肉食"，因此，就不得不找其他的代用品了。"熏鼠烧蝙蝠"该是标准的野味了。"熏鼠"不知何物，也许就是果子狸，此间秋风一起就开始吃蛇，除蛇羹是普遍的大众食品（当然也不是每一个人都敢吃的），还有一味名贵的"龙虎斗"，即是以果子狸焖蛇。东坡对于野味也是非常喜爱的，他在家乡的时候常吃："新味时所加，烹煎杂鸡鹜"，这是野鸡、野鸭与家鸡一锅同煮。他在开辟东坡的时候，发现芹菜根大为高兴，而想到故乡野味："蜀人贵芹芽烩，杂鸠肉作之"，写了一首诗："泥芹有宿根，一寸嗟独在。雪芽何时动，春鸠行可烩。"所以，他对"熏鼠烧蝙蝠"还可以消受，至于蜜唧和虾蟆，最初却难以下箸。

"蜜唧"，就是刚出胎"通身赤蠕"的小老鼠仔。以蜜饲养，临吃的时候还蹑蹑而行，以箸来取，咬之作"唧唧声"，所以这味菜称之为"蜜唧"。《朝野金载》说，"蜜唧"是当时岭南的一种食法。"虾蟆"，韩愈答柳宗元《食虾蟆》诗：

"强号为蛙蛤,于实无所较。……余初不下咽,近亦能稍稍。"
或即指此味。"虾蟆",我故乡称癞蛤蟆为虾蟆,不知是否此
物。我有一次经验,在台北近郊的一个小海产店里,叫了一
道蒜子蒸田鸡,菜上来,是一大碗汤里盛着一只大牛蛙。汤
清晰见底,碗底沉着一堆蒜子,牛蛙漂浮在汤中,一似游泳
池里的标准蛙式。黑皮白蹼俱在,双目怒睁。我只有把汤喝
了,其他的完璧奉还。不知韩愈和东坡吃的虾蟆,也是原件
上桌的吗?

　　其实,东坡吃野味的范围很广,什么都吃,包括活的蜜
蜂在内。东坡《安州老人食蜜歌》:"安州老人心似铁,老人
心肝小儿舌。不食五谷惟食蜜,笑指蜜蜂作檀越。"安州老
人就是僧仲殊。僧仲殊俗姓张,名挥,当初也是士人,其妻
以毒药害他,因吃蜂蜜而解,医生对他说:若食肉则毒发不
可治,于是弃家为僧。东坡与他在黄州结识,称他为蜜僧。
陆游《老学庵笔记》载,他的族伯父彦远,少时曾识仲殊,
"见其所食豆腐、面筋、牛乳之类,皆渍蜜食之,客不能下
箸,惟东坡性亦嗜蜜。"仲殊吃蜜蜂的方法,东坡说:"老人
咀嚼时一吐",也许就将蜜蜂腹内的蜜吃尽,把蜂渣吐出,
这种吃蜜于未酿之时,可能保持了百花原有的芬芳,也未可
知。东坡在儋耳无肉可食,和他以前"十年京师厌肥羜"的
日子,不可同日而语。在这种情况下,连过去难以下箸的蜜
唧和虾蟆也不得不随俗而食了。因此,他对猪肉的盼望也越
来越殷切;"北船不到米如珠,醉饱萧条半月无。明日东家

知祭灶，只鸡斗酒定膰吾。"膰，也就是祭灶用的烤肉。由此可以了解东坡不仅没有肉吃，生活也是非常艰困的。这种艰困的情况，在他《答参寥子》里说，他贬地的居处"只似灵隐天竺和尚退院后，却在一个小村院子，折足铛中，罨糙米饭便吃"，自炊自煮，其苦况可以想见。元符三年（1100年）六月二十日，渡海北还。在儋耳整整流落了三年。回忆这三年："晚涂流落不堪言，海上春泥手自翻"，竟能生还，连他自己也没有想到。虽然，初谪黄州时，已经体会到"我被聪明误一生"了。但"九死南荒""鹤骨霜髯心已灰"后，当会有更深的体会。把一切都看破看化之后，因而才有"总角黎家三四童，口吹葱叶送迎翁。莫作天涯万里意，溪边自有舞雩风"，与"半醒半醉问诸黎，竹刺藤稍步步迷。但寻牛屎觅归路，家在牛栏西复西"怡然自得的超脱境界。东坡没有猪肉吃，是苦事。但他却能苦中作乐，为我们留下许多信手拈来、浑然天成的好诗，这些诗是在陶渊明诗里也无法找到的。

由于东坡嗜肉，又善于调治猪肉，因此后来许多关于猪肉烹饪的书，都托名东坡所著。南宋时托东坡之名的《格物粗谈》，其中谈到猪肉的料理方法："洗猪脏肚子，用盐则不臭。……胡椒煮臭肉则不臭……。荷蒂煮肉，精者肥，肥者沉。……每肉一角力，同石花菜四两煮化，夏月凝冻如水晶。"另本也是托东坡著的《物类相志》说："煮猪肉，用白梅阿魏煮，或用醋或用青盐煮，则易烂；煮老猪肉，以水煮熟,以冷水淋肉冷,又浸冷,再煮即烂。"这些烹饪猪肉的方法,是否真是东坡留下来的,已无从查考。但那味脍炙人口、流传至今的"东坡肉",的确是东坡亲手创制的。"东坡肉",北京竹枝词《都门杂咏》说:"原来肉制贵微火,火到东坡腻若脂。象眼截痕看不见,啖时举箸烂方知。"这是"东坡肉"的近代制作方法,也就是将肉切成象眼块,用刀在皮上轻轻划痕,便易于入味,然后以东坡所谓的"柴头罨烟焰不起"的微火烹饪,颇得东坡余韵。据《都门杂咏》说,此菜出自"日俭居"。但北京名菜馆"八大居"中,没有这一居,想"日俭居"当早于砂锅居、泰丰居菜馆。除了北京,现在四川、淮扬、浙江菜谱中,都有"东坡肉"这味菜。四川是东坡故里,江南是他终老之处,浙江杭州是东坡两次出仕之地,尤其东坡在黄州制成这道菜,后来二次到杭,常亲自下厨烹制享客,各地的制作方法大同小异。只有陕西"东坡肉"的制法,与别处不一样,即用熟猪肉三两、莲子一两、江米(糯米)二两与果料等,上笼蒸烂,这已不是"东坡肉",倒有点像四川的"甜烧白"(夹沙肉)了。奇怪的是东坡创制"东坡肉"的湖北食谱中,却不见此味。但有"螺蛳五花肉"一味,将三层五花肉片出,卷成螺蛳状,烂后上笼蒸透,不知是否"东坡肉"演变而成的。

几年前浙江菜在这里"展览",我吃过一次杭州的"东坡肉",以陶罐装盛,汁多,不是东坡原韵,倒似台北天津街的"坛子肉"。去年冬天,我自己倒仿淮扬菜制"东坡肉"

的方法，并采用江浙菜"烧方"的形式，即不将肉切成象眼块，保持肉皮的完整，在内部划开，另加口蘑与冬笋，置于砂锅中微火慢焖，色红腴晶莹，入口即化，冬笋口蘑味更佳，虽然，现在大家已经不大吃肥猪肉了，但偶尔食"东坡肉"，也可以发思古之幽情。遥想当年东坡在黄州"谁见幽人独往来，缥缈孤鸿影"的落寞情怀。

胡适与北京的饭馆

　　胡适在北京的应酬频繁,《胡适的日记》记载了一些他参加应酬的饭馆,除中央公园的几家外,还有陶园、华东饭店、雨花春、六国饭店、东兴楼、瑞记、春华楼、广陵春、广和居、南园庄、大陆饭店、北京饭店、撷英菜馆、明湖春、扶桑馆、济南春等等。其中东兴楼是胡适较常去的一家饭馆。按《胡适的日记》记载:

　　民国十年九月七日:"张福运邀到东兴楼吃饭。"十月九日:"与擘黄、文伯到东兴楼吃饭。"

　　民国十一年四月一日:"午饭在东兴楼。客为知行与王伯衡、张伯苓。"九月四日:"到东兴楼,陈达材(彦儒)邀吃饭。彦儒是代表陈炯明来的。"八日:"蔡先生邀尔和、梦麟、孟和和我到东兴楼吃饭,谈的很久。"九日:"八时到东兴楼,赴陆建三邀吃饭,客为穆藕初、张镕西。"二十四日:"夜到东兴楼,与在君、文伯、蔡先生同餐。"十一月七日:"到东兴楼吃饭。"

　　胡适和鲁迅两次饭局，一次胡适请鲁迅，一次郁达夫请胡适与鲁迅也都在东兴楼。按鲁迅民国八年五月二十三日的日记说："夜胡适招饮于东兴楼。同桌十人。"又民国十二年二月二十七日的日记又说："午后，胡适之至部，晚间至东安市场，又往东兴楼，应郁达夫招饮，酒半即归。"

　　东兴楼是民国初年北京"八大楼"之一。北京人对"八"字似乎有特别兴趣。北京人爱吃"八宝菜"，爱喝"八宝莲子粥"，买布去"八大祥"，打茶围就上"八大胡同"，想吃在清末去"八大居"，民初去"八大楼"，以及"八大春"。"八大居"即同和居、砂锅居、万福居、阳春居、东光居、福兴居、广和居等。至"八大春"是民国以后兴起的菜馆，北京菜馆称"春"的不少。而"八大春"是指设在西长安街一带的芳湖春、东亚春、庆林春、淮阳春、新陆春、春园、同春园等。各有不同的口味，如东亚春是粤菜，新陆春、大陆春、庆林春是川味，淮阳春是淮扬风味，同春园、芳湖春则是苏锡菜。

　　至于"八大楼"，为东兴楼、致美楼、泰丰楼、安福楼、鸿庆楼、鸿兴楼、萃华楼、新丰楼等八个菜馆。除东兴楼外，安福楼在八面槽，其余的都在前门一带。"八大楼"有一个共同的特色，都是山东菜，主厨的出自山东福山与荣成。但各有各的名菜名点，如泰丰楼的锅烧鸭、烩爪尖，致美楼的红烧鱼翅、四炸鲤鱼，新丰楼的芝麻汤圆。在"八大楼"中东兴楼一枝独秀，在东华门大街，后来因东安市场和王府

井的关系，特别热闹繁华。据说东兴楼是由清宫里一个姓何
的梳头太监开的，所以能烹制几样宫味，如砂锅翅、砂锅熊
掌、燕窝鱼翅。其两做鱼与红油海参就是典型的宫廷菜，案
红油是以胡萝卜熬油而成，非现在的四川红油。尤其酱爆鸡
丁，嫩如豆腐，色味香俱全，堪称一绝。清蒸小鸡也是他家
的名菜。东兴楼的房舍宽大，院子里有大养鱼池一座，供顾
客现选烹调，所以生意兴盛了一个时期。胡适常常来东兴
楼，因为东安市场距沙滩北大第二院近，北京大学同仁多在
这里餐叙。蔡元培约人吃饭多在东兴楼，其原因在此。

　　胡适少小离乡，但乡情的意味还是很浓的。他非常关心
安徽的事，常常和安徽同乡餐叙。《胡适的日记》民国十年
十一月一日说："辛白邀吃饭，同席的同乡，谈的多是本省
情形。"又民国十一年十月二十四日日记说："汤保民前日来
京。今夜请他吃饭，蔡晓舟也在京。大谈安徽大学事。"他
们餐聚多在明湖春。《胡适的日记》民国十一年：

　　二月十九日："到明湖春吃饭。"九月十一日："夜到明
湖春，同乡诸君公燕安徽议员。"十六日："夜到明湖春吃
饭。主人为一涵、抚五，客为汪东木、刘先黎，是安徽派来
赴学制会议的。"十七日："晚在明湖春请兴周、东木、刘先
黎、张先骞吃饭。"十月五日（是日中秋）："在明湖春宴请
绩溪同乡。"

　　自古以来，徽州商人善经营，名闻于世。明清以后，"新安大贾"更是遍天下，而有"无徽不成镇"之说。尤其绩溪在徽岭以南，地瘠民贫，人民多出外谋生。徽州一带的菜肴点心的制作，向来自成一格，是为徽菜。饮食业者随着徽商的踪迹流传甚广，徽州圆子由是名闻全国。扬州盐商多出自新安，淮扬菜也受到徽菜的感染，《扬州画舫录》有徽毛包子一品，现在的苏式汤包即由此出。尤其东南一带，通商大埠都有徽州会馆，专售徽菜。

　　胡适虽然曾漂洋过海，但仍然欢喜吃乡土俚味，逢年过节都吃故乡的"徽州锅"。所谓"徽州锅"不是徽州人普遍吃的菜肴，而是绩溪岭北居民节日喜庆吃的锅子。材料是猪肉、鸡、蛋、豆腐、虾米等，用大锅炊之。最丰盛的徽州锅有七层，底层垫蔬菜。蔬菜视季节而定，最佳当然是用笋。徽州多山，山区产笋。《徽州通志》载："笋出徽州六邑。以问政山者味尤佳。箨红皮白，堕地即碎。"二层用半肥瘦猪肉切长方形大块，一斤约八块为度。三层为油豆腐塞肉，四层为蛋饺，五层为红烧鸡块，六层为铺以煎过的豆腐，七层以带叶之蔬菜覆之。初以猛火烧滚，后改文火，好吃与否，就看火候了。烧时不盖锅盖，经常锅里原汁浇淋数遍，约三四小时始成。吃时从原锅上，逐层食之。其制作颇似湘北鄂南一带"钵子"做法，内容就丰富多了。幼时住过绩溪，且是绩溪胡氏小学（不是胡适那一胡）毕业，可是没有吃过"徽州锅"。不过，对绩溪"毛豆腐"印象很深。这是一种发了霉的豆腐，用平底锅煎妥蘸辣椒酱吃，味甚美，其形状颇似先生用的戒尺。这两种味道不同的"毛豆腐"，当时我都常吃。

如上述徽商所到之处，都有徽州会馆，专售徽州菜。但安徽同乡请胡适、胡适宴同乡的"明湖春"，却不是徽州菜，而是道地的鲁帮菜。明湖虽名春，却不在"八大春"之列。民国四年开业，最初在杨梅竹斜街，以售新式的山东菜著名。名菜有奶汤蒲菜、奶汤白菜、氽双脆、面包鸭肝、龙井虾仁、红烧鲫鱼、松子豆腐、红烧鳊鱼等，尤其银丝卷蒸得好，北京城无出其右者，杨度曾为文介绍。后来明湖春因店面狭小迁到新华街，胡适吃的明湖春，可能就在这里。只是不知道安徽人为什么喜欢到这里来吃。

胡适许多应酬是外国人，有很多机会吃西餐。对于西餐，这位留美七年，又提倡西化的新文化的领导者，当然是不会反对的。在一次宴会上，王寿亮大骂西洋野蛮、事事不如中国，但他说西洋只有两件事是好的，一请客吃饭只到一处，不重复，不兴一餐赴数处，二宴会简单，不多用菜肴，不糜费。胡适不同意王寿亮对西方文化的看法，认为他的"顽固真不可破"。但却非常欣赏他所说的西餐好处，特别在日记中记下来。

西餐至迟在明代后期，已随传教士与外商登岸中国了。只是不普遍，也无资料可稽。而清乾隆年间，袁枚《随园食单》有"西洋饼"制法的记载："用鸡蛋清和飞面，作稠水放碗中。打铜夹剪一把，铜合缝处不到一分。生烈火烘铜夹，一糊一夹，一熯，顷刻成饼。白如雪，明如绵纸，微加糖屑，松仁屑子。"自鸦片战后五口通商，欧美传教士与商人纷纷东来，西餐渐渐在中国流行起来。徐珂《清稗类钞》"西餐"条下：

> 国人食西式之饭，一曰西餐，一曰番菜，一曰大菜。席具刀、叉、瓢三事，不设箸。光绪朝，都会已有之。至宣统时，尤为盛行。我国之设肆西餐，始于上海福州路之一品香，其价每人大餐一元，坐茶七角，小食五角。外加堂彩、烟酒之费，其后渐有趋之者。于是有海天春、江南春、万长春、吉祥春等继起。且分室设座焉。

上海福州路的一品香，是中国最早的西餐馆，也是民国十年胡适与郭沫若第一次见面的地方。西餐传入中国后，为了适合中国人的口味，已稍加改良。所以徐珂说：

> 今繁盛商埠，皆有西餐之肆，然其烹饪法不中不西，徒为外人扩充食物原料之贩路而已。

这种西餐中制，或中料西烹，是西餐传入中国后的一个转变。当年广州太平馆的西汁乳鸽，与粤式西餐中的"金必多汤"（Potage Campadore），即奶油浓汤加火腿、胡萝卜与鲍鱼等丝，以及鱼翅制成，胡萝卜或象征多金。至于鱼翅，西方人是不兴吃这种鲨鱼背脊的。西餐制法初不立文字，由师傅口授心传。最早的一本西餐食谱，可能是清宣统元年上海华美印书馆藏版的《造洋饭书》了。书用"耶稣降世一千九百〇九年"年号，或是从西书翻译的。书前有"厨房条例""入厨须知""食品卫生"等，内容分汤、鱼肉、肉、蛋、小汤、菜、酸果、糖食、排、朴定、甜汤、杂类、馒头、饼等等二十五章，二百七十一品，皆附有原料用量与制法。书后有英文菜点对照，译法与今不同，按馒头即面包，朴定即今布丁。这本《造洋饭书》，不仅反映了西餐在中国流传的情况，同时也反映了近代与西方文明接触后，生活方式的转变。

北京的西餐馆兴于庚子之后，称西餐为番菜。陈莲痕的《京华春梦录》说：

年来颇仿效西夷，设置番菜馆者，除北京、东方诸饭店外，尚有撷英、美益等番菜馆及西车站之餐室。其菜品烹制虽异，亦自可口，如布丁、凉冻、奶茶等，偶一食之，芬留齿颊，颇耐人寻味。

北京的番菜馆中，当然数北京饭店附设的西餐厅。1900年义和团事件后，八国联军入北京。于是洋酒店、洋妓院、番菜馆就应运而生。其中有两个法国人邦扎与佩拉蒂在苏州胡同南边，开了个三间门面的小酒馆，卖一两毛钱一杯的红、白葡萄酒，和煎猪排与煎蛋一类的酒菜。雇了个小伙计名叫邵元宝，后来做了北京饭店的华人经理。这是北京饭店的前身。

第二年这小酒馆搬到近洋军营区东单菜市场旁，正式挂起"北京饭店"的招牌来，后来生意盘给意大利人独眼龙卢苏。卢苏经营有方，北京饭店的业务发达，他又在长安街王府井南口，买了一大片宅子，将北京饭店迁来，想盖五层楼的高级饭店。不过这个愿望没有实现，独眼龙卢苏因思乡回意大利了，他回国时将饭店卖给中法实业银行。于是北京饭店转到法国人手中，完成了卢苏想筑的五层红楼，经营十年后在民国八年，也就是五四的那一年，又在红楼西边增建了七层法式洋楼。有客房一百零五间，住客包括一日三餐与下午茶在内，收价非常高昂，餐厅在一楼，七楼是花园酒吧与露天舞池。住的都是洋人，赴宴时必须衣着整齐，价钱很贵。除非别人请客，胡适自己是不会来这里的。案《胡适的日记》说：

民国十年五月二十日："夜，到北京饭店赴 General William Crozier 夫妇的邀餐，同席者为丁在君。"六月二十六日："夜间杜威先生一家，在北京饭店的屋顶花园，请我们夫妇吃饭。同座的有陶（行知）、蒋（梦麟）、丁（文江）诸位。"

又十一年五月二十九日：

晚间到北京饭店 Miss Catherine Dreier 处吃饭。

除了大饭店所附设的西餐厅，还有较高级专售西餐的番菜馆。招牌上写明是英法大菜、德式大菜或俄式大菜。其中最著名的是"撷英番菜馆"。撷英在前门外廊坊头条，四周都是金银珠宝店，是开在金银窝里的一家西餐馆，消费也不低。《胡适的日记》说：

十年十月四日"到撷英菜馆吃饭，主人为中华书局主纂戴懋哉先生。"十一年二月二十四日："夜到撷英吃饭，赴皖政事改进会议改进周刊事。"九月四日："与蔡先生同到撷英菜馆，刘式南邀吃饭。"

当时胡适虽名满天下，但他的经济状况并不宽裕，而且买书花了不少钱，逢年过节书店讨欠，他就捉襟见肘了。《胡适的日记》说：

十一年五月三十一日（端午）："近来买的书不少，竟欠书债至六百元。昨天向文伯处借了三百元。今天早晨我还没有起来，已有四五家书店伙计坐在门房里等候了。三百元一早就发完了。"

又十月五日（中秋）：

这个节上开销了四百元的书账，南阳山房最多，共二百七十余元，我开了他一百六十元。

因为经济情况不好，他在日记里就说："近来大窘，久不请人吃饭了。"所以，不仅北京饭店，就是撷英番菜馆他也去不起的。如果他想吃西餐，只好去西火车站了。《胡适的日记》说：

十年六月二十一日：午，到西火车站吃饭，主人为曹杰、徐养原两君，客人多是安徽同乡。

又六月二十九日：

我同王文伯到西火车站吃饭。

所谓西火车站，指的是西车站"京汉路食堂"。1900年庚子，八国联军入据北京时，将京汉路一直延长到前门西面，并修筑了一个车站，后来称为前门西车站，往来保定、汉口，或转正太路去太原在这里上下。乘京奉路往来天津、张家口等地，则在前门东站下车。当时车上附有餐车，由交通部食堂经营，并在西车站开了个西餐厅。这里地点适中、价钱公

184

道，当时很多学术文化界的人，欢喜到这里来吃西餐。

除西餐外，胡适也有吃日本料理的经验。《胡适的日记》民国十年六月二十七日条下：

> 八时，到扶桑馆，芥川（龙之助）先生请我吃饭。同坐的有悝农和三四个日本新闻界中人。这是我第一次用日本式吃日本饭，做了那些脱鞋盘膝席地而坐的仪式，倒也别致。

以上是胡适在北京社交生活的一部分。胡适社交的圈子很广，应酬的分子也非常复杂，除了一些学者专家外，还有一些外国的使节、北洋的官僚，以及军阀的幕客、宣统的老师等等。可以说新旧兼顾，中外俱有。但对于这些无谓的应酬，连他自己也感到厌烦。《胡适的日记》民国十一年二月十日条下：

> 敬斋请我吃饭，初意可见宋鲁伯，不意他没有来，席上一班都是俗不可耐的人。吃了饭，他们便大赌，推三百元的牌九。一点钟之内，输赢几百。我与文伯、淮钟又不便就走，只得看他们赌。席上无一可谈，席后也一无可谈。有一人称赞我的"学派"，说"唐宋元明都比不上"。和这一班人作无谓的应酬，远不如听两个妓女唱小曲子。

虽然是无谓人的无谓应酬，胡适还是去了。吃了饭，人

家赌博，他不便走，陪着在旁看人家赌牌九，真是无谓的无
谓了。也许自他突然赢得大名后，名虽然来得很易，要维持
却不易，因此对于各方面的应酬，他都得应付。也许他个性
里也有徽州商人的性格，徽州人所以能经营成功，除了精打
细算外，还有一个和气生财，也就是面面俱到，谁也不得
罪。胡适从家乡初到上海，曾跟他二哥学过生意，关于这
一点他是非常了解的。这也是他后来除了共产党，和各方
面都能维持非常良好，却不亲密的关系，是他成功的一个重
要因素。但却也使他陷于无尽、无谓又无聊的应酬之中，而
难以自拔。

　　也许胡适还有另一种想法，因为中国知识分子自古以
来，都是依附政治或政治的权威的，至多也不过是一个政治
帮闲的角色。胡适似乎创造另一种中国知识分子的典型，那
就是周旋于政治之间、自置于政治之外。这种想超越的想法
的确是天真。但事实上，他仍然堕入中国知识分子的旧窠臼
之中，真不知是他玩了政治，还是政治玩了他。后来他自称
是过了河的卒子，可是从这两年的社交与应酬来看，他似乎
已经脱了袜子脱了鞋，在河边漫步了。这不仅是胡适个人的
悲剧，也是早已存在的中国知识分子的悲剧。

路近城南

今年清明前到杭州闲散几天，看看湖滨的鹅黄柳和初放的桃花。行前就计划顺便到绍兴走走，刚好从机场载我们去旅馆的计程车师傅是个个体户，人也很实在，大家还谈得拢。就说妥了第二天一早，接我们到绍兴走一趟。不过，他说到时他的车子停靠得远一些，免得旅馆的车队看到不方便。

第二天一早，我们依时到停车的地方。师傅向我们招手，但车上却多了个人。师傅介绍是他爱人。他说从"文革"时到绍兴乡下插队，他们十几年没去过那里了。我立即说那敢情好，人多，吃饭时可多点些菜，吃起来也热闹些。

师傅开车，手握方向盘说，到绍兴可以参观鲁迅纪念馆，那里有很多东西看，他们上初中时旅行去过，老师带他们到那里去学习。说实在的，我对鲁迅的兴趣不大，尤其这些年把鲁迅奉为文学的神。不论什么人一旦到了神的阶段，就没有味道了，所以现在连他原有的尖刻辛辣味，都不复存在了。不过，鲁迅当年和郁达夫喝酒的"春华园"，不知还在否?《孔乙己》里提到的"咸亨酒店",近些年为招揽观光而新辟,倒是可以去看看的。

在鲁迅的小说和他自己的日记里,很少谈到吃。只知道他喜欢吃北京中山公园的咖喱饺,每次逛公园,都会包些回去吃。还有在厦门教书的时候,自己炖过金华火腿。也许鲁迅不讲究吃,当年他在北京,除了应酬人家请他吃饭,他自己吃来吃去不是"广和居",就是"益锠"小西餐馆。因为这两个馆子距他宿处与上班的教育部近,图个方便。

在鲁迅的小说里,我喜欢的不是《阿Q正传》或《狂人日记》,而是那篇《在酒楼上》。写的是两个分别十年的朋友,落大雪的天气,在一个小酒楼不期而遇的故事。我特别喜欢在故事结尾,两个人下得楼来,各自向相反的方向而去。"见天色已是黄昏,和屋宇和街道都织在密雪的纯白而不定的罗网中。"虽然最后一句有点绕口,且有"和风",却是鲁迅作品中少见的感情笔触。

他们相遇的地方是"一石居":"我午餐本没有饱,又没有可以消遣的事情,便很自然想到先前有一家熟悉的小酒楼,叫一石居的。""一石居是在的,狭小阴湿的店面和破旧的招牌却依旧。但从掌柜以至堂倌都已没有个熟人,我在一石居中也完全成了生客。然而我终于跨上那走熟的屋角的扶梯了。由此径到小楼上,上面依然是五张小板桌。独有原来的木棂的后窗却换嵌了玻璃。'一斤绍酒。——菜?十个油豆腐,辣酱要多!'我略带些哀愁。然而很舒服地呷了一口，酒味很纯正，油豆腐也煮得十分好，可惜辣酱太淡薄，本来Ｓ城人是不懂得吃辣的。"

后来，他在这里竟然遇到他的旧同窗，也是教员时代的旧同事吕纬甫，两人久不通音讯，竟在这里相遇。"然后再去添两斤……就从堂倌口头报告上指定了四样菜，茴香豆，冻肉，油豆腐，青鱼干。"

这是鲁迅小说里清楚写到饭店名字和菜肴名字的地方。鲁迅的《狂人日记》，为中国现代小说开辟了道路。但五四以后的新小说，写作面很狭窄，作者个人生活经历和故乡景物，很鲜明地显现在他们的小说中，鲁迅的短篇小说就是这样。店名"一石居"，可能就是离鲁迅故居不远的"春华园"。鲁迅在家时，常在这里小酌。有朋友来访，也约在这里。现在绍兴解放路上有家"春华园"，但店面堂皇。可能不是鲁迅当年吃的地方。倒是我们车子刚由解放路转入鲁迅路时，在路的左侧，一排老旧的民居间，发现了一块"春华园"的招牌。

那是一块市集常见的白底黑字招牌。挂在一排木造的旧楼间，这排两层的木楼沿着水沟而筑，沟旁种植着一行柳树，嫩黄的柳丝在春风里飘着，那块白底黑字的招牌特别显眼。于是，下得车来，在早春洁亮的阳光下，沿着沟旁的柳行，向"那块招牌"走去。"春华园"只有一间门面。白底黑字招牌下的门檐上，竟悬着一块黑底金字"春华园"的匾额。那匾额经日久天长的油煎火燎，金字黑底被熏得变成黯灰色了，真是盖有年矣。这么残旧的招牌能完整地保留下来，大概是鲁迅的余荫了。

跨过门槛，进得店来，面积不大，厨灶似乎占了一半店面，余下的摆了两三张板桌。店面虽然狭小，地上铺的水泥，倒不阴湿。灶上的师傅正在炒菜，油烟弥漫了一屋，跨上那屋角的楼梯，径到小楼上。楼上是雅座，还"依然是五张小板桌"，但不仅"木棂的后窗却换嵌了玻璃"，又辟了前窗，如果不是楼下阵阵油烟飘上来，在细雨柳扬的日子，临窗而坐，老友对酌，倒有几许雅趣。这里就是鲁迅常吃的"春华园"，也是他《在酒楼上》的"一石居"了。只是挂在楼下的黑板，用粉笔写的菜单牌，没有油豆腐、青鱼干、冻肉和茴香豆了。

茴香豆就是用茴香大料煮的蚕豆，绍兴人佐酒吃的小菜。鲁迅在《孔乙己》里说："鲁镇的酒店的格局，是和别处不同的，都是当街一个曲尺的大柜台。柜里预备着热水，可以随时温酒。做工的人，傍午傍晚散了工，每每花四文铜钱，买一碗……靠柜外站着，热热的喝了休息。倘肯多花一文钱，便可以买一碟煮笋或茴香豆，做下酒物了。"这是鲁迅笔下的"咸亨酒店"。现在的"咸亨酒店"似没有茴香豆卖了。

如今的"咸亨酒店"，就开在鲁迅故居旁边。当街扯着个大市招。进门倒是个曲尺形的大柜台，竖着块"太白遗风"黑底金字匾额。"太白遗风"下摆着两个青花的瓷坛，里面盛的想是上好的绍兴酒了。柜台靠街的一面,覆着一个大纱罩,纱罩里摆着四个大洋瓷盘子。盘子各盛着腐衣卷、花生米、油焖笋、盐水虾等下酒的小菜。堂里有些散座,往后进穿过院子是雅座,雅座有炒菜可卖。这是现在的"咸亨酒店",却不是当年孔乙己喝酒的那家。

车子最后在鲁迅纪念馆停下,开车的师傅说:"你们进去看看吧,可以看两三个钟头。"但我们从大门鲁迅那座大塑像下往里走,经过几个展览室,不到十分钟,就提着一盒豆腐乳从边门出来了。豆腐乳是在出门的小卖部买的。包装精美,其他地方少见。一盒分别是火腿、开洋、香菇、麻油四种不同的味道。绍兴的腐乳自明朝嘉靖年间,已远近知名,到现在有四百多年历史了。绍兴腐乳品种众多,有红色的丁方、淡黄色的醉方、青灰色的青方和棋子大小的棋方。我买的那四罐不同的腐乳,回来一尝,味道确实不错,真的是质细香糯,醇和爽口,而各有各的风味,以红色丁方火腿味的、烹炖腐乳肉,色香味俱佳。

绍兴腐乳所以出名,是由于那里的水和糟好。水是酿制绍兴酒的鉴湖水。所谓"汲取门前鉴湖水,酿得绍酒万里香",这是绍兴酒闻名于世的原因。糟是制酒剩下的,由于鉴湖的水质好,不仅酿酒,豆腐制品也非常出色。绍兴有单腐一味,即以豆腐为主料,以肉丁、虾米、笋丁为辅,吃时浇以熟猪油,撒上葱末胡椒粉即可。鲁迅《在酒楼上》吃的油豆腐,不知是否是油豆腐酿肉。后来我在"荣禄春"午饭,点了一味虾仁腐卷,以豆腐衣为主料,制法颇类单腐,甚是香稔软滑。

我提着一盒腐乳从鲁迅纪念馆出来,开车师傅夫妇都笑了。逛鲁迅纪念馆不买鲁迅的纪念品,竟买了土货。又问我为什么这么快就出来了。我说里面展的书上都有。我们想到"沈园"看看。沈园,他们茫然地望着我,竟不知绍兴还有这个地方。

沈园是陆游写《钗头凤》的地方,也是我们来绍兴要看的地方。除了沈园,还有徐文长的"青藤书屋"和王羲之的"兰亭",至于其他的可看可不看。沈园距鲁迅纪念馆不远,我们弃车执地图步行前往。也许这里办观光的认为,来绍兴的人,看了鲁迅纪念馆就不会再往里走了,所以这一带的巷子还保持原来的模样,两旁的民居是旧式的瓦屋、木门,门外是石台阶。石台阶上晒着新收成的绿芥菜;门框上有的也会挂串红辣椒,红绿相映成趣。芥菜晒干后腌制成乌芥菜干。用乌芥菜干焖五花肉,是绍兴传统的菜肴。

石阶旁坐着些曝阳的老人,有的翻着晾晒的芥菜,有的对着太阳穿针引线缝补衣裳,有的蹲着在台阶上缓缓吸着烟,他们默默静静地在这里生活着,倒有几分鲁迅小说人物的遗趣。转进另一条巷子,有座黄墙围绕的尼庵,墙不高但庵门紧掩,尼庵外倒有片菜园,不知是否就是《阿Q正传》的"静修庵"。这尼庵距鲁迅读书的"三味书屋"不远。也许当年他常跑到这里看小尼姑。鲁迅少年时可能不是个好学生，不然他在"三味书屋"的书桌，不会面壁而置的。

经过先前那巷子时，在路旁发现一口井，井旁立了块石碑，碑上刻着"禹迹寺古井"。那么，这一带地方就是禹迹寺了。禹迹寺是陆游的伤心地。陆游晚年居鉴湖旁的三山，每次进城必登禹迹寺怅望沈园。尝赋二绝："梦断香销四十年，沈园老柳不吹绵。此身行作稽山土，犹吊遗踪一泫然。"又："城上斜阳画角哀，沈园非复旧池台。伤心桥下春波绿，曾是惊鸿照影来。"

"伤心桥下春波绿，曾是惊鸿照影来。"就是陆游和他前妻唐氏袂离十年后，在沈园仓促一见的地方。周密的《齐东野语》卷一"放翁钟情前室"条下记载："陆务观初娶唐氏，闳之女也。于其母夫人为姑侄。伉俪甚得，弗获其姑。既出，不忍绝之。则为别馆，时时往焉。姑知而掩之，虽先知挈去，然事不得隐，竟绝之，亦人伦之变也。唐后改适同郡宗子（赵）士程，尝以春日出游，相遇禹迹寺南之沈氏园。唐以语赵，遗致酒肴。翁怅然久之，而为《钗头凤》一词，题园壁间云：'红酥手，黄縢酒，满城春色宫墙柳。东风恶，欢情薄。一怀愁绪，几年离索，错！错！错！春如旧，人空瘦，泪痕红浥鲛绡透。桃花落，闲池阁。山盟虽在，锦书难托，莫！莫！莫！'"

据说唐氏读了这阕词，悲痛欲绝，含泪和了一阕："世情薄，人情恶，雨送黄昏花易落。晓风干，泪痕残。欲笺心事，独语斜栏，难！难！难！人成各，今非昨，病魂常似秋千索。角声寒，夜阑珊。怕人寻问，掩泪装欢，瞒！瞒！瞒！"沈园一会，唐氏沉疴日重，一病不起，就含恨而终了。对沈园一会，陆游有刻骨铭心的记忆。无论他后来通判夔州，从戎郑南，或漂泊巴蜀，对沈园都是魂牵梦萦的。最后他告老回到故乡，68岁的陆游再游沈园，写下了"枫叶初丹檞叶黄，河阳愁鬓怯新霜。林亭感旧空回首，泉路凭谁说断肠。坏壁醉题尘漠漠，断云幽梦事茫茫。年来妄念消除尽，回向禅龛一炷香"。诗前有序："禹迹寺南有沈氏小园，四十年前，尝题诗小园壁间。偶复一到，而小园已三主，刻小阕于石，读之怅然。"陆游到耄耋，对唐氏对沈园都无法忘情。他81岁那年有《十二月二日夜梦游沈园》诗："路近城南已怕行，沈家园里更伤情。香穿客袖梅花在，绿蘸寺桥春水生。"另一首是："城南小陌又逢春，只见梅花不见人。玉骨久成泉下土，墨痕犹锁壁间尘。"直到他去世前一年，所赋《春游》四首中的一首："沈家园里花如锦，半是当年识放翁。也信美人终作土，不堪幽梦太匆匆。"

沈家庭园也因陆游这段凄婉的爱情故事流传下来了。现在的沈园当然已非旧池台了，而是最近依旧图新修筑的，有许多工程还在进行中。从那尼庵往前走，是畦种植芥菜的菜地，沿着那畦菜地是新筑的石板路。石板路的内侧，一列黑瓦覆盖的白粉墙尽头，两扇敞开的黑漆木门，就是沈园了。进得门来，除了在门口坐着的几个工作人员，园里竟没有一个游客，真是非常难得。

　　沈园是最近复修的，但比原来的规模小多了。有一大块园地改建了工厂，纺织机的轧轧声隔墙传来。主体建筑物是陆游纪念馆。馆里没有什么可看的，墙上挂满今人写的陆游的诗句，杂乱得很。于是匆匆走了出来。倒是园里新植的柳树，初发的柳枝在春风里轻轻拂着，淡黄细长的柳丝，衬着阳光下白色的回廊，还有回廊外黑色的屋脊和屋檐，显得那么淡雅朴素。我站在柳荫下的小石桥上，小石桥架在葫芦形的小池塘上面，葫芦形的小池塘完全照旧时图样复原。那么，我站立的地方，就是陆游和唐氏仓促一会之处了。望着池中被微风催促的浮萍，就不能不感叹人生聚散无常。过了小石桥再往前走几步，立着一面旧石残砖堆砌的墙壁，墙壁的右上方嵌着一块石刻，写着"沈园遗物壁"。这里就是陆游题诗壁的遗址，遗物壁当然不是旧时物，但我站在墙边抚摸着那墙壁，也许其中一块砖石，曾留下陆游和唐氏绝望的眼泪。

　　后来陆游离开这块伤心地，远走他乡。最后在64岁"笑指身上衣，不复染京尘"，终于回到自己的故乡。真是未老莫还乡，还乡须断肠。虽然这些年漂泊在外，魂牵梦萦的是那段覆水难收的感情。同时念念不忘的还有故乡的村蔬俚味，所以他有"十年流落忆南烹"及"例缘乡味还忆乡"的感怀，在四川时见秋风又起，而写下那阕《双头莲》："空怅望，鲙美菰香，秋风又起。"因此，许多故乡的食物都从梦中来："团脐霜蟹四腮鲈，樽俎芳鲜十载鱼；寒月征空身万里，梦魂也复醉西湖。"

陆游自礼部罢归，再回到山阴，在镜湖三山家乡归隐，写下了"为贫出仕退为农，二百年来世世同。富贵苟求终近祸，汝曹切勿坠家风"（《示儿孙》）的诗。屏居湖上，不与当时的官吏往来，而有"河洛未清非我责，山林高卧复何求"诗。自号若耶老农。然后开辟园圃，种菜植竹，于是许多他故乡的佳肴美蔬，都在他诗里咏现。陆游不仅遍尝故乡的湖山风味，有时更自己下厨。在《雨中小酌》中，有"自摘金橙捣鲙齑"之句。对于吃荠菜他另有秘方："采撷留阙日，烹饪有秘方。"所谓秘方，即"霜余蔬甲淡中甜，春近灵苗嫩不蔹。采掇归来便堪煮，半铢盐酪不须添"。不仅荠菜，其他蔬菜，菜园摘来即煮，不加调料，保持原味的甜美。他还会做甜羹，《山居食每不肉戏作》序，记载了甜羹法："以菘菜、山药、芋、莱菔杂为之，不施醯酱，山庖珍烹也。"其诗云："老住湖边一把茅，时沽村酒具山肴。年来传得甜羹法，更为吴酸作解嘲。"陆游不仅会做甜羹，还会下葱油面，他在《斋面》诗里说："一杯斋馎饦，手自笔油葱。天上苏陀供，悬知未易同。"陆游退隐之后，家中人口众多，他还能有如此的生活情趣，比起他的晚生后辈只会吃油豆腐与茴香豆有味道多了，也许越往后我们生活的情趣越少了。

出得沈园，已是正午时分，在鲁迅纪念馆前与司机夫妇会合，我们开车去"荣禄春"。"荣禄春"在解放路上，算是绍兴的老字号了。虽然只有四个人，我却点了不少菜，计有炸响铃、绍十景、绍虾球、虾爆鳝背、笋烧鲚鱼、虾仁卷腐、清炒虾仁、雪菜炒笋、鸡鳌汤。满满摆了一桌，都是杭州和绍兴的地方菜肴，但并不见得好吃。我又叫了一坛花雕，开车师傅只喝啤酒，我只有在这城南酒楼上独酌自饮了。

茶香满纸

　　《红楼梦》十七回《大观园试才题对额》，写到宝玉随他父亲贾政和一伙清客，在已竣工的大观园里巡视，来到一处所在，"数楹修舍，有千竿翠竹相映"，后院得泉一眼，"绕阶缘屋至前院，盘旋竹下而出"。贾政道："若能月夜至此窗下读书，也不枉此生。"后来又到一处，"忽迎面突出插天的大玲珑山石来，四面群绕各式石块，竟把里面所有房屋皆遮住了；且一树花木也无，只有许多异草，或有牵藤的，或有列蔓的。""香味气馥，非凡花可比。"贾政叹道："此轩中煮茗操琴，也不必再焚香了。"

　　贾政命宝玉为这两处所在，各题一匾一联。其一是"有凤来仪"，联曰："宝鼎茶闲烟尚绿，幽窗棋罢指犹凉。"另一处的匾是"蘅芷清芬"，联曰："吟成豆蔻诗犹艳，睡足荼蘼梦亦香。"这两处所在，一是黛玉幽居吟诗焚稿的潇湘馆，一是宝玉居住的怡红院。是《红楼梦》后来故事发展的重要场所，各有一联，都与茶有关。

　　饮茗自来是雅事，茶产于山林，烹于寺观僧道之手，本来就是幽人之饮。唐天宝以来，饮茶风气盛行。自李白"茗生此石中，采服润肌骨"的《仙人掌茶》诗，引茶入诗之后，唐代诗人卢仝、皎然、白居易、陆龟蒙、皮日休等都有茶诗。《全唐诗》里就有茶诗五百多首，自唐至明清的茶诗共有两千多首。于是茶趣诗情融而为一，真如唐代薛能所吟"茶兴复诗心，一瓯还一吟"了。曹雪芹既怀诗心，又识茶趣，在《红楼梦》中咏及茶的诗与联句有十来首。二十三回贾宝玉写的四时即事诗，除《春夜即事》外，夏、秋、冬夜即事诗中皆有茶："倦绣佳人幽梦常，金笼鹦鹉唤茶汤"；"静夜不眠因酒渴，沉烟重拨索烹茶"；"却喜侍儿知试茗，扫将新雪及时烹"。写出不同季节，不同情景，而有不同的茶趣。的确，不同的情景，可以品出不同的茶趣，宋代杜耒《寒夜》诗就说："寒夜客来茶当酒，竹炉汤沸火初红。寻常一样窗前月，才有梅花便不同。"郑板桥的"不风不雨正清和，翠竹亭亭可节柯。最爱晚凉佳客至，一壶新茗泡松萝"，又有不同的境界和茶趣。

《红楼梦》除了咏茶的诗词，言及茶的地方竟有二百六十多处。迎宾送客，宴前酒后，婚娶奠祭，抚琴对弈，闲言消永，寒夜围炉，承乏解烦皆有茶，百无聊赖时也沏盏茶。茶在《红楼梦》里像平常人家一样，是日常生活的一部分。在日常生活里茶的功能是解渴。七十七回写到心比天高、命比纸薄的晴雯，被撵出大观园，病卧在她舅姑哥哥贵儿家中，宝玉去看她，写道：

（晴雯）嗽了一日，才朦胧睡了。忽闻有人唤他，强展双眸，一见宝玉，又惊又喜，又悲又痛，一把死攥住他的手，哽咽了半日，方说道："我只道不得见你了。"接着便嗽个不住。宝玉也只有哽咽之分。晴雯道："阿弥陀佛，你来得好，且把那茶倒半碗我喝。渴了半日，叫半个人也叫不着。"宝玉听说，忙拭泪，问茶在哪里？晴雯道："在炉台上。"宝玉看时，虽有个黑煤乌嘴的吊子，也不像个茶壶。只得在桌上去拿一个碗，未到手内，先闻得油膻之气。宝玉只得拿了来，先拿些水洗了两次，复用自己的绢子拭了；闻了闻，还有些气味，没奈何，提起壶来斟了半碗，看时，绛红的也不大像茶。晴雯扶枕道："快给我喝一口罢。这就是茶了。哪里比得咱们的茶呢。"宝玉听说，先自己尝了一尝，并无茶味，咸涩不堪，只得递给晴雯。只见晴雯如得了甘露一般，一气都灌下去了。宝玉看着，眼中泪直流下来，连自己的身子都不知为何物了。

曹雪芹借茶衬托出这次凄凄惨惨的相会情景。也只有他细腻的笔触，才能写出这样古今中外少有的至情之文。

晴雯说："这就是茶了。哪里比得咱们的茶呢。"这种茶绛红色，并无茶味，且咸涩不堪。咸涩不堪，是用"苦水"烹的茶。所以，晴雯死后，宝玉写了《芙蓉女儿诔》，并备了晴雯素喜的四样吃食奠祭。四样吃食中，就有"沁芳之泉，枫露之茗"。也许因为他们临终之会，那碗茶实在难以下咽了。所谓"枫露之茗",就是第九回写宝玉早起沏了一碗枫露茶,留下来自己饮,却被奶娘李嬷嬷喝了,宝玉一气将杯子砸碎。由于枫露茶不可考,因而有的红学研究者认为与第五回宝玉梦游太虚境,仙姑言道:"此茶出在放春山遗香洞,又以仙花灵叶上所带宿露而烹,此茶名曰千红一窟。"有某种关联,具有象征意义。不过,既然宝玉说枫露茶"是三四次后才出色",则此茶确有,而非仙露,只是不见于记载,无法考究了。

除了枫露茶外,《红楼梦》所提到的茶有普洱茶、女儿茶、香茶、六安茶、老君眉、暹罗茶、龙井等,名目虽然不多,却都是当时茶中极品,也就是七十二回写到王熙凤下血不止,金鸳鸯顺道探视,小丫头进的是普通茶。贾琏骂道:"快拿干净盖碗,把昨儿进上的新茶沏一碗来。""进上的新茶",就是"贡茶"。曹雪芹在《红楼梦》中所提到茶目,都是贡茶。其中暹罗茶就是一例。二十三、二十四回提到王熙凤送了两小瓶"上进"的新茶叶给黛玉。熙凤说:"那是暹罗国进贡的。我尝了不觉得怎么好,还不及我们常喝的呢。"暹罗即今日的泰国,暹罗茶可能是红茶,宝玉也喝不惯,倒合了黛玉的脾胃。当时除了暹罗茶,还有暹猪。乌进孝向贾府献的年礼中,有暹猪二十头。薛蟠曾请过宝玉吃烧暹猪。

六十三回提到女儿茶,说林之孝家里怕宝玉多吃了寿面停了食,向袭人等笑说:"该沏些普茶喝。"袭人、晴雯忙说:"沏了一大缸子女儿茶,已经喝了。"明代李日华《紫桃轩杂缀》说:"泰山无佳茗,山中人摘青桐芽点饮,号女儿茶。"青桐芽不是茶,当然不是宝玉饮的女儿茶。案清代阮福《普洱茶记》说:"小而圆者名女儿茶。女儿茶为妇女所采,于雨前得之。即四两重茶团也。"古今采茶多经女儿素手。清代陈章《采茶歌》云:"凤篁岭头春露香,青裙女儿指爪长。渡涧穿云采茶去,日午归来不满筐。"说的是西湖女儿采的龙井贡茶。武夷茶中也有名女儿茶的。宝玉喝的是普洱茶中的女儿茶。当时除女儿茶,还有孩儿茶。朱彝尊《曝书亭外集》载有孩儿茶,以薄荷、豆蔻、丁香等九种香料,再以甘草水熬膏,拌入茶末中。孩儿茶亦见盐商童岳荐的《调鼎集》。朱彝尊与曹寅交善,其《食宪鸿秘》中的雪花酥饼,即得自曹家。孩儿茶是加添香料的茶,大观园饭后以香茶清口,二十回贾母为姐儿们准备的香茶,不知是否就是孩儿茶。

四十一回贾母在栊翠庵品茗说:"我不吃六安茶。"妙玉笑道:"知道,这是老君眉。"六安茶在明代即列为贡茶,是茶中的极品。或明代高濂《饮馔服食笺》说六安茶是"茶中极品,但不善炒,不能发香而发苦"。可能是贾母不吃六安茶的原因。至于老君眉,庄晚芳《中国名茶》认为即君山银针。《巴陵县志》云:"君山贡茶,自国朝乾隆四十六年始,每岁贡十八斤。"徐珂《梦湘呓语》引王湘绮论茶谓"君山庙有茶树十余棵,当发芽时,岳州守派员监守之,岁以进贡,郊天时用,以其叶上冲也"。八八年我游洞庭登岳阳楼，曾于君山饮此茶，以玻璃杯冲泡，茶叶在杯中沉浮数次，最后沉于杯底，却根根茶叶竖立不倒，或即"其叶上冲"之谓。

贾母在栊翠庵吃老君眉，即四十一回《贾宝玉品茶栊翠庵》所叙。曹雪芹在此用"品"不用"饮"，表示栊翠庵饮的茶，和《红楼梦》里吃茶的形式不同。所谓品茶，栊翠庵的妙玉说："一杯是品，二杯即是解渴的蠢物，三杯便是饮驴了。"由于明清时期芽茶、叶茶等散形茶普遍应用，流行瀹饮之法，和唐宋时期的煎茶不同。煎茶于色、香、味之中以色为重。清人饮茶称为品茗，品茶的色、香、味、形，解渴则在其次。由于饮茶的形式改变，饮茶的用具也随着发生变化。唐宋煎茶、斗茶用盏不用壶，壶只供煎水之用。瀹饮法的冲瀹，将茶壶带入茶具之中，阳羡紫砂由是而兴。清人饮茶既有茶壶，又用茶盏。

不过，清人不再兴斗茶，很少使用黑釉茶盏，茶盏多为白瓷或青瓷。至于品茗之法，满人震钧《天咫偶闻》卷八有《茶说》一节，其谓品茗首在择具，次为择茶，三为择水，四为煎法，五为饮法。仅如此仍无法品出茶的真味。明遗老冯正卿《岕茶笺》中，有品茶"十三宜"和"七所忌"。其所谓品茗之"所宜"，则是无事、佳客、幽座、吟咏、挥翰、徜徉等等，必须人雅境幽，才能品出茶的真趣。虽然，曹雪芹深识茶趣，只是贾母和刘姥姥都非佳客。所以，栊翠庵的品茶，只品到震钧的《茶说》层次，并没有进入冯正卿的

"所宜"境界。

首先是择器，贾母饮的是个成窑五彩小盖钟，众人则是一色官窑脱胎填白盖碗。成窑就是明成化窑。明瓷以年号为窑号，有永乐、宣德、成化、弘治、嘉靖等等，此外还有官窑。其中以成化最精美，而且在青花的基础上，又创造出彩瓷。造型小巧，胎质细腻。成化窑制品，在明嘉靖、万历年间已视同拱璧。明代刘侗《帝京景物略》之《城隍庙市》篇就说："成杯，茶贵于酒，彩贵于青。"也就是成化窑的茶杯贵于酒盅，五彩贵于青花。又说"成杯一只，十万钱矣"。万历时十万钱，略合纹银百两。下至《红楼梦》时代，成化杯已是古董，价值几何？就很难说了。至于官窑脱胎填白盖碗，盏用白瓷，早在唐代已有假白玉之称。此处所谓官窑，并非明代，清康熙、雍正、乾隆在景德镇都有官窑。雍正官窑所制珐琅彩瓷茶具，胎质洁白，薄如蛋壳，通体透明。所谓"白如玉，薄如纸，明如镜，声如磬"，即其特色，宝玉等人用的白瓷盖碗，或即这种。

后来妙玉拉扯黛玉、宝钗到旁边耳房吃"体己茶"。宝钗用的是个旁边有一耳的杯子，上镌"瓟斝"三个隶字，又有"王恺珍玩"，"宋元丰五年四月眉山苏轼见于秘府"一行小字，王恺是晋武帝妹夫，曾与石崇斗过富。看起来似乎是件稀世珍宝了，其实只是一件康熙以来流行的葫芦器。邓之诚《骨董琐记》引《西清笔记》说："葫芦器，康熙间始有之。瓶盘杯碗无不具。阳文山水花鸟，题字极清朗，不假人力，法于葫芦结后，造模范之，随之长成，遂成器物。然千百中，完好者仅一二。"觚瓟斝就是葫芦壳制成的茶具，曹雪芹起了个古朴的名字。觚音班，即端瓜。瓟与匏相通，即《论语·阳货》："子曰：吾岂匏瓜也哉？焉能系而不食。"匏瓜是葫芦的一种。斝与爵通，音贾。黛玉用的是只形似钵而小，有三个垂珠篆字，镌的是"点犀䀉"。所谓"点犀"，张世南《宦游纪闻》说："通天犀脑上有角，千岁者长且锐，白星澈端，能出气通天。""白星澈端"，也就是常说的"心有灵犀一点通"。点犀即犀角。䀉者，盂也。点犀䀉说白了就是犀角杯。这两件茶具经曹雪芹将名字一变，就高雅脱俗了。

明代许次纾《茶疏》说："精茗蕴香，借水而发，无水不可与论茶也。"妙玉在栊翠庵沏茶用了两种水，一是为贾母沏老君眉，用的是"旧年蠲的雨水"。一是宝钗、黛玉吃的体己茶，用的是五年前妙玉"在玄墓蟠香寺收的梅花上的雪，统共得了一鬼脸青的花瓮一瓮，总舍不得吃，埋在地下，今年夏天才开了，只吃过一回，隔年蠲的雨水，哪有这样清淳！"玄墓即苏州邓蔚。邓蔚遍是梅花，盛开时人称香雪海。雨水和雪水，古称天泉。明清品茗则好天泉水。袁枚《随园食单》说："天泉水，雪水力能藏之，水新则味辣，陈则甘美。"吴我鸥则喜饮雪水茶，其谓："以雪水烹茶，俊味也。"且有诗，曰雪水"绝胜江心水，飞花注满瓯。纤芽排夜试，古瓮隔年留"。

　　融雪煎茗由来已久，白居易《晚起》诗有"融雪煎香茗"，辛弃疾词有"细写茶经煮香雪"之句。《红楼梦》中宝玉《冬夜即事》有"扫将新雪及时烹"。芦雪庵即景争联，宝琴与湘云对一联："烹茶冰渐沸，煮酒叶难烧。"曹雪芹似乎爱融雪煮茶。清人饮茶用水，讲究以水的轻重，辨别水质的上下。陆以湉《冷庐杂识》载乾隆每次出巡，都携带特制的银质小方斗，命侍从精量各地泉水。遍衡所历天下名泉，最后品出北京西山玉泉山泉水最轻，定为天下第一泉，亲撰《天下第一泉记》，并刻石志之。文中有"更无轻于玉泉者乎？曰：有！乃雪水也。尝收积素而烹之，雪水不可恒得"云。所以，徐珂《清稗类钞·饮食类》"以水洗水"条下说："惟雪水最轻，可与玉泉并。然自空下，非地出，故不入品。"虽不入品，士人多喜以陈雪烹茶。曹雪芹生于乾隆前，据说穷困西山写《红楼》时，遍试"香山遍地泉，大小七十眼"，最后评定唯有香泉最清洌、香甜。其友鄂比不信，以玉泉混其他泉水烹茶，曹雪芹饮后说，碗中上半为玉泉，下杂他泉。鄂比誉其为茶仙，陆羽复生。曹雪芹识茶辨水，才能下笔品出栊翠庵的茶趣。

　　妙玉沏的茶，贾母吃一半给了刘姥姥。刘姥姥一口吃了，说茶淡了些，再熬浓些就好了。熬茶就是《金瓶梅》的顿茶。顿与烹或煮意同。张竹坡注《金瓶》，说是市井人吃茶，自不可与栊翠庵品茶相提并论。论身份妙玉和刘姥姥都是大观园的清客，但有雅俗之别。不知曹雪芹是有心还是无意，将这两个雅俗不同的清客，借品茶凑在一起。但妙玉无法忍耐刘姥姥的俗和脏，要将她饮过的那只成窑五彩小盖钟给砸了。

妙玉身世似谜，飘然进了大观园。宝玉说她"为人孤僻，不合时宜，万人不入他眼"。妙玉对宝玉自称"槛外之人"，"槛外"与"槛内"对称。因此，妙玉在大观园里始终是个外人。曹雪芹似有意创造这样一个人物，冷眼旁观大观园内的繁华如烟似梦。有趣的是，妙玉每次都借茶现身，七十六回《凹晶馆联诗悲寂寞》是《红楼》重要的转折，写到中秋宴罢，皓月当空，黛玉和湘云到凹晶馆赏月联诗，联到"窗灯焰已昏，寒塘渡鹤影"之后，黛玉提了个上联："冷月葬花魂。"湘云无以为对。这时栏外山石后突然转出一人，来的正是妙玉。妙玉说听她们的诗句虽好，只是过于颓丧凄楚，事关气数。于是邀她们到栊翠庵歇息吃茶论诗，后来妙玉也写了《中秋夜大观园即景联句三十五韵》，最后写道："有兴悲何继，无愁意岂烦。芳情只自遣，雅趣向谁言。彻旦休云倦，烹茶更细论。"但妙玉"烹茶更细论"，要论些什么呢？

红楼饮食不是梦

　　"中央大学"中国文学系的康来新，酷爱《红楼》成痴，不仅有《红楼梦》的研究室，隔一段时间就请世界各地的红学家来台讨论《红楼》，今年又与沈春池基金会合办"引君入梦——一九九八《红楼梦》博览会"，各地的红学家又将在台北集会，我也应邀敬陪末座。

　　首先我必须说，我绝非红学专家。因为该看《红楼》的年纪，在战乱中度过，四处飘零，哪顾得小儿女情怀。胜利后在苏州，因读《茵梦湖》，想到《红楼梦》。买了本广文版的《红楼梦》，但字小行密，读了几回真的入梦了。才发现自己是个俗人，无法领悟梦中的情味。后来，治中国史学，因邓拓的一篇《论〈红楼梦〉的社会背景》，掀起资本主义萌芽问题的讨论。资本主义萌芽问题，是中国历史解释五朵红花中的一朵。因此，开始翻阅《红楼梦》。又因近年讲"中国饮食史"，其中有明清小说中的饮食，红楼的饮食是不可缺的，不得不再读《红楼》。但都是些吃吃喝喝油油腻腻的材料，既无情趣且不雅，和红学家所探索的《红楼》大异其趣。不过，这次康来新却引我入梦，派给我的题目是"红楼饮食梦"。

对于"红楼饮食梦"这个题目，思之再三，觉得其中似有可讨论的地方。因为小说是文学创作重要的一环，文学创作和历史叙述不同，历史叙述为了寻觅历史的真相，文学创作则表现作者个人的才思。萧统编《昭明文选》，早有区分。所以，小说家对小说人物的塑造，故事情节的结构与发展，可凭个人的经验与想象而虚拟或创作。不过，小说家对小说中饮食的描绘，却和作者个人生活的时代与社会环境相应。这种作者时空交汇的生活习惯或经验，反映在小说创作之中，为我们保存了丰富的饮食资料。中国长篇小说兴于明清，讨论明清饮食生活与习惯，这个时期的小说是一个重要的源头。

施耐庵叙《大宋宣和遗事》，传忠义《水浒》，其中有"灯火樊楼"的汴京名店，有武松醉打的快活林，还有荒村的小酒馆，更有卖人肉包子的黑店，梁山好汉大碗喝酒，大块吃肉，写的是宋代，表现的却是元末明初之际的饮食情况。元末明初天下乱，社会民生凋敝，饮食生活非常粗糙，《水浒》写"五俎八簋，百味庶馐"的琼林宴，也只是抽象的描绘，不能作具体的叙述。施耐庵完全无法理解孟元老的《东京梦华录》所叙述宋代东京繁华的饮食景象。施耐庵和传《三国》的罗贯中都生于离乱，隐于江湖之中，所以，施耐庵对饮食的叙述，表现了当时社会实际的饮食情况。

　　同样地,《金瓶梅》写的是宋代,但如吴晗所说表现的却是明代万历前后,城市经济兴起,以西门庆为代表的城市居民的实际饮食情况,《金瓶梅》饮食文化圈与"孔府"重叠,比《红楼梦》更具体表现当时实际的社会饮食情况。吴承恩《西游记》写的虽然是唐代神仙饮宴,实际却是明代后期的人间烟火。吴承恩科场落第,长期流落民间,漂泊于淮扬乡野寺庙间,所叙的斋宴都是这个地区的乡食俚味。

　　所以,小说所叙述的饮食,和作者个人的生活经验,有密切的关系。曹雪芹的好友敦诚《寄怀曹雪芹》诗,有"扬州旧梦久已觉,且著临邛牛鼻裈",似乎暗示曹雪芹似司马相如,曾开过料理店。曹雪芹既被旧梦所牵,个人又精于烹调,其所叙《红楼》饮食皆有所自,且多"南味"。所以,《红楼》饮食不是梦。

茄鲞

茄鲞，非曹雪芹所创。当时以茄子干制的茄鲞，南北皆有。丁宜曾《农圃便览》即载有茄鲞一味："立秋茄鲞，将茄子煮半熟，使板压扁，微拌盐，腌二日，取晒干，放好葱酱上，露一宵，磁器收。"丁宜曾字椒圃，山东日照人。科举屡试不第，转而从事农田经营，留心农事。摘录前人有关农桑著述，并纪录其故乡日照县西石梁村的农事见闻，于乾隆十七年撰成此书。二十年刊刻。此时或即曹雪芹困居西山，撰写《红楼》之时。当然，曹雪芹肯定没有看过《农圃便览》。不过，丁宜曾所记的茄鲞，行于鲁南，是一味流行民间的乡村俚食，和刘姥姥在大观园吃的茄鲞不同。

其实，茄鲞一味，基本上是茄子干制久贮，以便随时食用。因为大陆各地生产是有季节性的。当时京朝大吏出京巡视或上任，不似今日朝发暮至，往往一路行来要很长的时间，所经并非尽是通都大邑，可能宿于荒村小驿。随行厨师，多备此物，大人传膳，厨师自坛中取出，配以在地所取的鸡或其他肉类，或炒或拌，立即上桌，可饭可粥，也可以

佐酒。所以当时将茄鲞称为"路菜"。是一种旅途中风餐露
宿之食。

茄鲞原是普通的家常之食，南北皆有。但经曹雪芹粗
菜精馔，素食荤烹之后，其中增加些江南的特产，不仅成
为细致的"南食"，《红楼》的大观园中又多了一道美味。
《红楼梦》四十一回叙茄鲞的制作："凤姐儿笑道：这也不
难。你把才下来的茄子，把皮签了，只要净肉，切成碎丁
子，用鸡油炸了；再用鸡脯子肉并香菌、新笋、蘑菇、五香
豆腐干、各色干果子俱切成丁子，用鸡汤煨干，将香油一
收，外加糟油一拌，盛在瓷罐子里封严。要吃时用炒的鸡瓜
一拌，就是。"

此处茄鲞的制作过程有三个阶段，首先是对茄子的处
理，但省略一般制茄鲞的晒干阶段，也就是戚蓼生序本的
"切成头发细的丝儿，晒干了"。直接用鸡油炸干。不过削茄
子用竹刀，而非另本谓的"刨"。第二阶段是对配料的处理，
然后以糟油拌和，置于瓷罐封严。最后吃时自罐中取出，和
炒过的鸡瓜相拌即可。鸡瓜即鸡的小里脊，或谓鸡瓜是鸡
爪，但鸡爪如何炒拌。而且用鸡爪相拌，将精致的菜肴变粗
了，除非将鸡爪去骨，焯水爆炒，或堪一用，不过菜的颜色
就不好看了。

至于配料，新笋、五香豆腐干、糟油皆江南产。新笋
或是春笋，康熙皇帝最欢喜吃江南产的春笋，每次下江南必
食此味。曹雪芹的祖父曹寅深体康熙心意，每次向北京进贡

"燕来笋"，也就是"笋菜沿江三月初"，燕子归巢时破土而出的春笋。曹雪芹嗜笋，《红楼》饮食中有鸡皮酸笋汤、鲜笋火腿汤、鸡髓笋等味。至于五香豆腐干，乾隆时苏州、扬州、杭州的五香豆腐干是当时名食，尤以扬州最著名。李斗《扬州画舫录》载扬州南贮草坡姚家的最好，时称姚干。清林苏门《邗上名目饮食诗》云："晚饭炊成月正黄，家藏兼味究可尝。会当下箸愁无处，小菜街头卖五香。"指的就是扬州五香豆腐干。茄鲞以糟油拌后封存。糟油俗称糟卤，其制法八角、丁香等作料，分别炒制，以纱布包妥，置于原坛黄油中，加适当盐或糖，封存二三月即成。糟油宜用于清淡的菜肴，炒拌皆可，现以江苏太仓的糟油最著名。茄鲞经糟油拌后，就成为道地的"南味"了。

　　不过，曹雪芹这样的茄鲞，配料凌驾主料。夏曾传《随园食单补证》说："《红楼梦》茄鲞一法，制作精矣。细思之，茄味荡然。富贵之人失其天真，即此可见。"的确，数年前，厨下存太仓糟油半瓶，于是将茄子焯水晒成鲞，切拇指大块，与制成的配料以糟油同拌，置冰箱中三数日，取出，与爆炒鸡里脊同扣，其味如刘姥姥细嚼了半日茄鲞，笑道："虽然有点茄子香，只是还不像茄子。"只是台湾的茄子，瘦长而少肉，制作茄鲞不易。

释　鲞

　　《红楼梦》四十一回有茄鲞一味，是《红楼梦》所记载的菜肴中，唯一有制作方法，而且将茄鲞制作过程叙述得非常细致的。刘姥姥听了摇头吐舌说道："我的佛祖，倒得十来只鸡配他，怪道好吃。"

　　所以，1983 年在北京中山公园的"来今雨轩"，请红学专家吃的那席红楼宴，其中就有茄鲞一味。虽然，红学大家周汝昌为这场红楼宴，留下"名园今夕来今雨，佳馔红楼海宇传"。不过，他却认为照王熙凤所说方法炮制的茄鲞，其实并不好吃。写《红楼梦俗谭》的邓云乡，似也参加了这次盛会，他说这味茄鲞，黄蜡蜡的、油汪汪的一大盘子，上面有白色的丁状物，四周有红红绿绿的彩色花陪衬着，吃起来味道像宫保鸡丁加茄子。其后大陆流行起红楼宴来，其中必有茄鲞一味，其制法皆仿自"来今雨轩"。我参加过此间举行的红楼饮食夜话，品尝过一位烹饪专家制作的茄鲞，其实是一盘烩茄丁，我尝了一口，即停箸难以为继。

　　虽然，他们所制茄鲞，皆取自《红楼》，却忽略了茄鲞的那个鲞字。按鲞,《集韵》注鲞:"干鱼腊也。"至于鲞字的由来,据《吴地记》载吴王阖闾入海逐夷人,遇风浪而粮尽,吴王向海拜祷,但见金色鱼群逼海而来,三军雀跃。但夷人却一鱼无获,遂降,因名此鱼为逐夷。吴王凯归后仍思此鱼,臣属奏称,鱼已曝干。吴王取鱼干食之,其味甚美。因此以鱼置于美下,而成鲞字。不论这个传说的真伪,鲞是指干腊的鱼,是没有问题的。

东南沿海人民以鲞入馔,由来已久。吴自牧《梦粱录》记载南宋临安多鲞铺不下二百家。所售之鲞,有郎君鲞、石首鲞、鳝鲞、带鲞、鳗条湾鲞,名目繁多,不下数十种。临安即现在的杭州,当时不仅有鱼鲞的专卖店,并且"又有盘街叫卖,以便小衙狭弄主顾"。由此可知鱼鲞在宋代临安,已是家户普遍的食品。

由于过去没有冷藏设备,渔民将打来的鲜鱼,曝干以便久藏,供随时食用,稍予调治即成佳馔。袁枚《随园食单》有糟鲞一味,"冬日用大鲜鱼腌而干之,入酒糟,置钵中封口。夏日食之。"江浙餐馆的煎糟、川糟,即由此制成。《食单》另有台鲞,台鲞即河豚鲞。并谓台鲞"与鲜肉同煨,须肉烂时放鲞,否则鲞消化不见矣"。而且台鲞"肉软而肥美",可为鲞冻,袁枚说此"绍兴人法也"。

浙江绍兴、宁波一带,好鲞煨肉,以肋条切块,入锅着糖色,加高汤与酱油同煮,适当时入鲞块,加酒同煮,然不可过久,此为江浙菜馆的鲞烤肉,佐酒下饭皆宜。鲞以白鲞为佳，白鲞即黄鱼鲞，伏天取黄鱼剖晒压，坚硬色白，或由此得名。以白鲞燆鸡，味甚鲜美。燆，浙江方言蒸之意。鲞烤肉，冬日冷食，即为鲞冻肉。鲞冻肉与虾油鸡为宁波人必备的年菜，谚曰："为过年下饭，通贫富有之，男女佣工贺年，曰吃鲞冻肉去。"

鲞为干鱼，由此引申，浙人对晒干的菜脯亦称鲞，瓜脯称尺鲞。茄子称茄鲞，也有此意。现在红楼宴的茄鲞，源于坊间流行的庚辰本《红楼梦》，其制作的第一过程："凤姐儿笑道：这也不难。你把才下来的茄子，把皮签了，只要净肉，切成碎丁子，用鸡油炸了……"不过，戚蓼生序本的《红楼梦》则是这样记载："凤姐儿笑道：这也不难，你把四五月里的新茄苞儿摘下来，把皮和瓤子去尽，只要净肉，切成头发细的丝儿，晒干了，拿一只肥母鸡，熬出来的汤子，把这茄子上蒸笼蒸的鸡汤入了味，再拿出来晒干，如此九蒸九晒，必定晒脆了……"庚辰本的《红楼梦》少了这个过程，所以，后来红楼宴的茄鲞，才变成黄蜡蜡的、油汪汪的宫保鸡丁加茄子，或一碟烩茄丁，这是烹饪者不好学深思、红学家又只会读书不识吃之故。

茄子入馔

　　《红楼梦》的茄鲞，主要的材料是茄子。茄子在汉代由印度经丝绸之路，传入中国。晋代以后才开始普遍种植，东晋的京口，现在的江苏镇江一带，所产茄子最佳。不过，茄子产区遍及南北，茄子入馔，最早见于北魏后期贾思勰的《齐民要术》。

　　贾思勰曾任北魏高阳太守，他编著的《齐民要术》，是地方官吏的劝农之书，也是流传至今最完整的一部农书。中国古代的农书为了解决民食问题，也就是人民吃的问题，所以《齐民要术》的编纂形式，"起自耕种，终于醯醢，资生之业，靡不毕书"。《齐民要术》所叙"资生之业"之过程，饮食烹饪是一个重要环节。其载有"缹茄子法"一条："用茄子未成者，以竹刀骨刀四破之，汤渫去腥味。细切葱白，熬油令香，香酱青，掰葱白与茄子俱下，缹令熟，下椒、姜末。"按缹，《通俗文》称："燥煮曰缹。"燥煮则少汁，若今日之焖。这是最早的烹调茄子之法。但较现代讲究，因用铁器剖茄则渝黑，故以骨刀或竹刀，且茄子经水焯后下锅，以去生腥。

隋炀帝称茄子为昆仑紫瓜，取其色并叙其所自。《清异录》则称茄子为昆味或酪苏。段成式《酉阳杂俎》谓："茄子熟者食之厚肠胃。"黄庭坚有《银茄》诗："藜藿盘中生精神，珍蔬长蒂色似银。朝来盐醯饱滋味，已觉瓜弧浸轮囷。"诗叙盐醯茄子滋味。银茄即白茄。王桢《农书》谓茄子："一种渤海茄，色白而坚实；一种番茄，白而扁，甘脆不涩，生熟可食；一种紫茄，紫色蒂长，味甘；一种水茄味甘，可偶止渴。"茄子不论紫白，皆可入馔。熟焖凉拌，蒸煮炒炸，干鲜咸甜皆宜，自来就是一味家常菜。

茄子入馔，多见于明清食谱。明高濂《遵生八笺》有糟茄诀："五茄六糟盐十七，更加河水甜如蜜。"也就是用茄子五斤、糟六斤、盐十七两，并以河水小碗拌糟，制成糟茄子，可久贮食用。元韩奕《易牙遗意》有"配盐瓜茄法"。即以老瓜、嫩茄合五十斤，每斤用净盐二两半，腌一宿出水，再入紫苏、姜丝、砂仁、桂花、甘草、黄豆一斗。酒五，同拌入瓮，以泥封口。两月后取出，再加入花椒、茴香、砂仁，拌匀。"亮晒在日，内发热乃酥美。"《易牙遗意》另有"糖蒸茄"，将"茄子焯后，沥干，以薄荷、茴香、砂糖、醋浸三宿，晒干，还卤，直至卤茄干，压扁收藏之"。

"糖蒸茄"与"配盐瓜茄"都是将茄子干制后，长久食用。"配盐瓜茄"与《调鼎集》的"酱瓜茄姜"制法相似，腌后"放透风处，半阴半阳，不宜晒"而阴干。《调鼎集》

是扬州盐商童岳荐的食单，或谓袁枚《随园食单》，亦多取材自此。《随园食单》有"茄二法"："吴小谷广文家，将整茄子削皮，滚水泡去苦汁，猪油炙之。炙时须待泡水干，后用甜酱水干煨，甚佳。卢八太爷家切茄作小块，不去皮，入油灼微黄，加秋油炮炒，亦佳。是二法者，俱学之而未尽其妙。惟蒸烂划开，用麻油、加醋拌，则夏间亦颇可食。或干作脯置盘中。"

所谓煨干做成茄子脯，也可久贮。又《西游记》"旋皮茄子鹌鹑作"一味，后人不知其意，认为是鹌鹑烧茄子，鹌鹑烧茄子则是一味荤菜，不是神佛或僧道所宜。按《群芳谱》有"鹌鹑茄法"："拣嫩茄子切细缕，沸汤焯过，控干，用盐、酱、花椒、莳萝、茴香、甘草、杏仁、红豆研细末拌晒干，蒸收之。用时，以滚水泡好，蘸香油渫之。"其制法与戚蓼生序本《红楼》"九蒸九晒，必定晒脆了"，与朱彝尊《食宪鸿秘》之"蝙蝠茄"制法相近。

茄子虽然可以入馔，成为一味家常菜，但明清以来的食家，多将茄子干制后，久藏，以便随时食用。曹雪芹《红楼梦》的茄鲞，可能是在这个基础上发展形成的。

老蚌怀珠

曹雪芹写《红楼》饮食，是小说故事发展过程中，日常生活的一个缩影，随着不同季节转换。其实都是些平常的饮食，只是烹调比较细致而已。严格说这些饮食无法凑成一桌筵席。尤其《红楼》菜馔，短少海河时鲜；所以，当初北京"来今雨轩"复制所谓的红楼宴，不得不从《红楼》之外引进几味佳馔肴，清蒸鲥鱼与老蚌怀珠就是其中的两味。

鲥鱼是曹雪芹的祖父嗜食之物，老蚌怀珠则是曹雪芹亲自烹调，给他的至交好友敦敏、敦诚兄弟吃的。敦敏、敦诚是清宗室裔胄，兄弟皆能诗，敦敏有《懋斋诗钞》；敦诚字敬亭，有《四松堂集》二卷，《鹪鹩轩笔尘》一卷，皆轶。杨钟羲《雪桥诗话》云："敬亭尝为《琵琶传奇》一折。曹雪芹题句有云：白傅诗灵应喜甚，定教蛮素鬼排场。雪芹为楝亭通政孙，大概如此，竟坎坷以终。敬亭挽雪芹诗有：牛鬼遗文悲李贺，鹿车荷锸葬刘伶。"楝亭，是曹雪芹祖父曹寅。曹雪芹题敦敏《琵琶传奇》诗，是雪芹除《红楼》外，唯一流传的两句。敦敏以李贺诗才鬼气、刘伶拼命饮酒挽曹雪芹，可谓知之甚深。

敦敏兄弟诗文集虽轶，但《八旗诗钞》录有其兄弟诗一卷，其中有敦敏的《赠曹雪芹》《访曹雪芹不值》、敦诚《寄怀曹雪芹》《佩刀质酒歌》等四首，亦以敦诚《佩刀质酒歌》更见他们兄弟与曹雪芹深厚的情义。《佩刀质酒歌》序云："秋晓遇雪芹于槐园，风雨淋涔，朝寒袭袂，时主人未出，雪芹酒渴若狂，余因解佩刀沽酒而饮之。雪芹欢甚，作长歌以谢余，余亦作此答之。"诗写到他与曹雪芹在槐园偶遇，"秋风酿寒风雨恶，满园榆柳飞苍黄。主人未出童子睡，斝干瓮涩何可当。相逢况是淳于辈，一石差可温枯肠。身外长物亦何有，鸾刀昨夜磨秋霜。"诗写敦诚与曹雪芹在满园秋色满天风雨中相遇，曹雪芹思酒若狂，敦诚解下自己的佩刀为曹雪芹换酒喝。此情此景不仅可以入诗，也可入画，写出人间至情，曹雪芹得此知己死而无憾。

所以，曹雪芹与敦敏、敦诚的情义，非一般世俗所能理解。敦敏《瓶湖懋斋记盛》叙述曹雪芹为他们"做鱼下酒，以饱口福"。其制作过程："余等至复室，移桌就座，置杯箸，具肴酒，盥手剖鱼，以供芹圃烹煎……移时叔度将海碗来，芹圃启其覆碗，以南酒少许环浇之，顿时鲜味浓溢，诚非言语所能形容万一也。鱼身鳌痕，宛若蚌壳，佐以脯笋，不复识其为鱼矣。叔度更以箸轻取鱼腹，曰：请先进此味，则一斛明珠，璨然在目，莹润光洁，大如桐子，疑是雀卵……复顾余曰：芹圃做鱼，与人迥异……第不知芹圃何从设想，定有妙传，愿闻其名。叔度曰：此为老蚌怀珠。非鳜鱼不能识其度。若有鲈鱼又当更胜一筹。"

此次曹雪芹所烹的"老蚌怀珠"，以鳜鱼烹制，形似河蚌，内藏明珠，以油煎烹而成。但惜没有道出内藏的明珠为何物。或谓以蛋清和绿豆粉制成的小丸子，其实是鸡头肉。鸡头肉即春天太湖滨所产的芡实，以鸡汤煨之，莹晶鲜嫩。"来今雨轩"所烹制的"老蚌怀珠"，用的武昌鱼，即毛泽东所谓"才饮长沙水，又食武昌鱼"的鳊鱼。鳊鱼多骨，不宜此味，鱼腹所镶用的是鹌鹑蛋，而且清蒸不是油煎，去曹公遗意甚远。

曹雪芹的"老蚌怀珠"，其制或由传统的镶炙白鱼法。见《齐民要术》，即"取好白鱼，肉细琢，裹作串，炙之"。所谓"裹作串"，也就是将细琢的肉塞入鱼腹内，以铁签贯穿。明刘伯温《多能部事》有"穰烧鱼"一味，用鲤鱼，腹中镶肉，杖夹炙熟，似镶炙白鱼遗风。清乾隆年间，扬州一带有"荷包鱼"。用鲫鱼，以膘子为馅塞鱼腹内，形似荷包而得名。"荷包鱼"由徽州传入，是徽州盐商的故园俚味，由徽菜中的"沙地鲫鱼"演变而来。"荷包鱼"又名"鲫鱼怀胎"。与曹雪芹"老蚌怀珠"相近。但其制法却是不破腹，而从鱼背启刀，镶馅，烹煎而成。

樱桃鲥鱼

鲥鱼是曹雪芹祖父曹寅嗜食之物。曹寅《鲥鱼》诗云："三月齑盐无次第，五湖虾菜例雷同。寻常家食随时节，多半含桃注颊红。"诗后有自注："鲥鱼初至为头膘，次樱桃红。予向充贡使，今停署十年矣。"

鲥鱼是江苏名产，形秀而扁，色白似银，每年春末夏初，从海内洄游江中产卵，季节性很准，所以称为鲥鱼。至于曹寅所谓的"樱桃红"，郑板桥有诗云："江南鲜笋趁鲥鱼，烂煮春风三月初。"指的就是这种樱桃鲥鱼。不过，这种樱桃鲥鱼数量不多，网捕不易，被老饕视为珍品。曹寅以雪船上贡北京。明清鲥鱼上贡，多在五月端午前。明何家明有诗云："五月鲥鱼已至燕，荔枝芦橘应未熟。"

曹寅不仅嗜食鲥鱼，特别是"樱桃红"，而且吃法也与人不同。鲥鱼的吃法宜蒸不宜煮，袁枚《随园食单》就说鲥鱼贵在个清字，保存真味，切忌放鸡汤，否则喧宾夺主，真味全失。而且鲥鱼的美味在皮鳞之交，所以清蒸鲥鱼是不去鳞的。不过，曹寅却认为鲥鱼不去鳞是乡野的吃法，其《和毛会侯席上初食鲥鱼韵》就说"乍侍野市和鳞法，未敌豪家醒酒方"。所以，曹寅不仅嗜食鲥鱼，而且是位知味者，他自称饕餮之徒。撰有《居常饮馔录》。

《四库全书总目提要》"谱录类"食谱存目云："《居常饮馔录》一卷，国朝曹寅撰。寅字子清，号楝亭，镶蓝旗汉军。康熙中巡视两江盐政，加通政司衔。是编以前代所传饮馔之法汇为一编。"包括宋王灼《糖霜谱》、宋东溪遁叟《粥品》及《粉面》、元倪瓒《泉史》、元海滨逸叟《制脯胙法》、明王叔承《酿录》、明释志《茗笈》、明灌畦老叟《蔬春谱》及《制蔬品法》等等，曹寅对宋元明相关的饮食资料搜罗甚丰，并将这些资料作一个总结性的汇编。又《四库全书总目提要》有曹寅《楝亭诗钞》五卷，并谓"其诗出入白居易、苏轼之间"。不过，曹寅的诗钞中许多饮馔的资料，菜肴如红鹅、绿头鸭、寒鸡、石首鱼、鲥鱼、鲍鱼羹、蟹胥。此外，还有蔬果如笋豆、荠菜、樱桃等等，以及许多点心与茶酒的诗。曹氏家族自曹玺开始，在江南兴盛一个多甲子，曹寅前后担任四年的苏州织造、二十一年的江宁织造，而且自认为是老饕，他虽然没有留下部类似食谱的专著，但这些诗就是饮食经验的纪录。

朱彝尊《曝书亭集》卷二十一，称赞曹寅家的雪花饼，有"粉量云母细，糁和雪糕匀"之句，虽然雪花饼是明清之际江南流行的点心，亦见于韩奕《易牙遗意》，但皆不如曹家的细致。朱彝尊，号竹垞，浙江秀水人。康熙十八年举博学鸿词，授翰林院检诗，长于词，是清初大家，并专研经学，著有《经籍考》，与曹寅友好，其文集《曝书亭集》，即由曹寅刊刻。朱彝尊另有食谱《食宪鸿秘》二卷。《食宪鸿秘》分为饮、饭、粉、粥、饵、馅料、酱、蔬、果、鱼、蟹、禽、卵、肉等类，内容非常丰富。朱彝尊与曹既然友好，称赞曹家的雪花饼，其《食宪鸿秘》复有雪花饼的制作方法，方法即传自曹家。《食宪鸿秘》载有菜肴或面点的烹调或制作方法四百余种，其中或有若干是出自曹府。同样地，朱彝尊是浙江人，所以《食宪鸿秘》中有火腿与笋的制作方法很多，对于火腿与竹笋的烹饪方法，可能直接影响曹府，间接反映在《红楼》的饮食之中。

食谱之作，儒道二家各有分教，分别见于目录学的农家或方技家。明清以后，食谱多出于文人之手，因而食谱之作转而与书画笔砚同著录于"谱录"类，被视为艺术的一种，《四库全书总目提要》即作如此的分类。自此饮食已跃出儒、道二家的维生及养生的范畴，独立成类，这是中国饮食文化重大的转变。曹雪芹与其祖父曹寅都处在这个潮流转变中，曹寅的《居常饮馔录》、曹雪芹的《斯园膏脂摘录》及《废艺斋集稿》的饮食之作，表现了这种转变的趋势。曹雪芹的两书虽轶，但其制作的"老蚌怀珠"，却为这个时代的文人食谱，以及其对饮馔制作的形式，留下了一个很好的注脚。

南酒与烧鸭

裕端《枣窗闲笔》描叙曹雪芹，"其人身胖头广而色黑"，但"善谈吐，风雅游戏，触景生情"，是一支好笔。不过，说曹雪芹尝作戏语云："有人欲读我书不难，日以南酒烧鸭享我，我即为之作书。"

曹雪芹所作之书是《红楼梦》。至于南酒，是流行江南以稻米酿成的黄酒，如金华酒或百花酒等等，金华即今之绍兴。与北方以稷粮蒸馏的白酒不同，白酒性辛烈，南酒性醇和，明清之际市井间多喜南酒，常与烧鸭并举。《金瓶梅》三十四回有"一坛金华酒与两只烧鸭子"。烧鸭即金陵片皮鸭，最初民间用的是炙法，使用叉烧烤制而成，后经明初宫廷御厨房改良焖炉烤法，然后随迁都传到北京，流行民间。其后清宫以烤小猪的挂炉烤法烧烤。仍循其旧，这两种烧鸭的方法，皆流传民间，北京老"便宜坊"用的金陵焖炉烤法，"全聚德"则用的是挂炉烤法。烧鸭与南酒都是南味，也是曹雪芹嗜食之物。

曹雪芹烹调"老蚌怀珠"时，告诉大家这是一道南味。

曹雪芹说:"我谓江南好,恐难尽信。余岂善烹调者,亦略窥他人些许门径,君即赞不绝口,他日若有江南之行,倘遍尝名馔,则今日之鱼,何啻小巫见大巫矣。"曹雪芹生于曹寅往生之年,雍正五年抄家之时,已经十三岁,北上后对少年时江南的金液玉食常魂牵梦萦。所以,敦敏《赠曹雪芹》诗,就说曹雪芹"燕市狂歌悲际遇,秦淮残梦忆繁华"。敦诚《寄怀曹雪芹》诗也说"扬州旧梦久已觉,且著临邛犊鼻裈"。所以曹雪芹将许多过去的怀念,寄托于饮馔,反映在《红楼梦》的日常生活之中。当年"来今雨轩"复制《红楼》菜肴的红楼宴,计有:

一、菜肴:油炸排骨、火腿炖肘子、腌胭脂鹅脯、笼蒸螃蟹、糟鹅掌、糟鹌鹑、炸鹌鹑、银耳鸽蛋、鸡髓笋、面筋豆腐、茄鲞、五香大头菜、老蚌怀珠、清蒸鲥鱼、芹芽鸠肉脍。

二、汤:酸笋鸡皮汤、虾丸鸡皮汤、火腿白菜汤。

三、甜品:建莲红枣汤。

这些菜肴都是当时江南的名肴,或售于酒楼茶肆,或存于名家的食谱,其来历与演变,皆有迹可循,有些至今仍流行于淮扬菜系中。所以曹雪芹《红楼梦》中的南味,并非杜撰,而皆有所自来。其所谓的南味,以淮扬菜系为主,并且包括了苏州、金陵的江南风味。

不仅《红楼梦》的菜肴是江南风味,其主食也以南食为主。所谓南食就是米食。徐珂《清稗类钞·饮食类》云:

"南人之饭，主食品为米，蒸炊熟后颗粒完整者。北人之饭，主食品为麦，屑之为馍，次要则条之面。"即所谓的粒食或粉食。《红楼梦》第五十三回，记载黑山村庄主乌进孝过年向贾府禀呈的礼单中，有"胭脂米两担，碧糯五十斛，白糯五十斛，粉粳五十斛，杂色谷豆各五十斛，下菜常米二千担。"却没有麦也没有面粉。《红楼梦》写的主食计二十三种，其中有米饭十二种，粥七种，另有粱豆各一种。至于面食，只有六十二回，众人为宝玉祝寿，提到的银丝挂面及面条子，此外七十一回写尤氏吃的馎馎，所以《红楼梦》里日常生活与宴饮所吃的主食，以饭或粥为主。

当然，这是很容易理解的。曹雪芹的曾祖曹玺，康熙二年出任江宁织造，后来到他祖父曹寅，曹氏家族前后在江南生活了一个多甲子，曹雪芹诞生在金陵，童年及少年在那里度过，迁归北京后，虽然往日的繁华已如烟似梦，但他一直怀念着江南的旧家，所谓"秦淮残梦忆繁华"，在他"醉余奋扫如椽笔"写《红楼》时，不自觉地就将这些南味写进去。曹雪芹写《红楼》之初，留下"满纸荒唐言，一把辛酸泪，都云作者痴，谁解其中味"的谜题，那么谜底呢？

味分南北

　　曹雪芹欢喜江南饮食，将少年时的饮食记忆，有意或无意写入《红楼梦》的日常生活之中，为后人留下一个"谁解其中味"的谜题。

　　味分南北，古来有之。当年韩愈贬官潮州，途抵广州，初尝岭南生猛海鲜，印象深刻。写成《初南食贻元十八协律》六首。元十八即元集虚，隐居庐山，韩愈的河南同乡。这次韩愈南来，路经庐山，与元十八相聚，临行，写成《赠别元十八协律》六首。其中有"不意流窜中，旬日同食眠"之句，二人相处甚得。所以，韩愈将初尝南食的新奇经验，"聊以歌纪之"，寄赠元十八。《南食》诗云："鲎实如惠文，骨眼相负行。蚝相黏为山，百十各自生。蒲鱼尾如蛇，口眼不相营。蛤即是虾蟆，同实浪异名。章举马甲柱，斗以怪自呈。其余数十种，莫不可叹惊。我来御魑魅，自宜味南烹。调以咸与酸，芼以椒与橙。腥臊始发越，嘴吞汗面骍。"

　　韩愈初尝南味，先后吃了比目鱼、蚝、蒲鱼、石蛙、鳝鱼、带子，及其他几十种"莫不可叹惊"的海鲜。他说既南

229

来蛮荒地，就该享受南方独特的异味。以酸咸的汁配以花椒与橙合成的酱，以去腥臊，活剥生吞，吃得面红耳赤，满脸是汗。韩愈初尝"南食"，显然不是愉快的经验，远不如后来的苏东坡，谪贬儋耳，现在的海南，大嚼野味潇洒。苏东坡在海南岛，苦无肉可食，写诗寄其弟苏辙："五日一见花猪肉，十日一遇黄鸡粥。土人顿顿食薯芋，荐以熏鼠烧蝙蝠。旧闻蜜唧尝呕吐，稍近虾蟆缘旧俗。"诗后有注："儋耳至不得肉食。"不得不迁就当地习俗，吃些野味，怡然自得。于是，苏东坡超越南北味的边际，诗作更上层楼，有了陶渊明的韵味。

常言道：靠山吃山，靠水吃水。不同的地理环境与气候，提供不同的饮食资料，形成不同的饮食习惯与文化。就活动在长城之内的汉民族而言，以秦岭至淮河流域为界，黄河与长江流域的农业生产环境不同，南稻北粟的主食文化早已形成。战国以后麦的普遍生产与磨的改良，粒食与粉食的主食文化逐渐固定，至今仍未改变。不同的主食配以不同的副食，而有南味北味之别，徐珂《清稗类钞》云："食品之有专嗜者焉，食性不同，由于习尚也。兹举北人嗜葱蒜，滇、黔、湘、蜀人嗜辛辣品。粤人嗜淡食，苏人嗜糖。"口味各有不同。因此，在南北主食文化区之中，又有华北、西南、东南、华南饮食文化圈的存在。这些不同的饮食文化圈，就是日后菜系形成的张本。

饮食习惯形成之后，基本的口味改变甚难。晋武帝平吴之后，陆机兄弟由江南入洛阳，不仅有山河之异，更有口味的不同。《晋书·陆机传》云："至太康末，与弟云俱入洛，尝诣侍中王济。济指羊酪谓机曰：卿吴中何以敌此。答云：千里莼羹，未下盐豉。"陆机以江南的莼羹来比北方的乳酪。又《世说新语·识鉴》说张翰入洛，为齐王东曹掾。在洛见秋风起，因思吴中菰菜羹、鲈鱼脍。曰：人生贵得适意耳，何能羁宦数千里以要名爵；遂命驾归。张翰在洛阳因秋风起，思念故乡的南味，遂弃官还乡，非常潇洒。

两宋时代，中国饮食文化的发展，进入另一个新的阶段。孟元老《东京梦华录》所载，北宋末年，东京汴梁的饮食业非常发达，除大的酒楼外，还有食店、酒店、面店、饼店、肉食店，并且也有沿街叫卖的饮食担子。在这些饮食行业中，有南食与川食的饮食店，这些南食与川食，最初为了南方入京者不习惯北方口味而设，后来竟成东京的时尚，此风宋室南渡临安二百年仍未改变。吴自牧《梦粱录》"面食店"条下云："向者汴京开南食面店、川饭分茶，以备江南往来士大夫，谓其不便北食耳。南渡以来，几二百年，则水土既惯，饮食混淆，无南北味之异。"饮食习惯，积习难改，由此也可以了解曹雪芹在《红楼梦》中坚持南食的心境了。

二分明月旧扬州

李斗《扬州画舫录·虹桥录》载卢见曾，字抱孙，号雅雨山人，山东德州人。乾隆时官至两淮转运使，筑苏亭于使署，"日与诗人相酬咏，一时文燕盛于江南。"卢见曾曾修禊虹桥，作律诗四首，和诗者七千余人，其诗有"绿油春水木兰舟，步步亭台邀逗留。十里画圃新闻苑，二分明月旧扬州"。

"二分明月旧扬州"，缘于唐徐凝的"天下三分明月夜，二分无赖是扬州"。《尚书·禹贡》云："淮海惟扬州"，淮是淮水，海指东海，惟虽是虚字，古惟、维相通，其后诗人咏扬州，多称维扬。杜甫《奉寄章十傅御》云："淮海维扬一俊人，金章紫绶照青春。"刘希夷《江南曲》："潮平见楚甸，天际望维扬。"由此，维扬成为扬州的别称，明初于此置维扬府，所谓淮扬名馔，维扬美点，即出于此。所以淮扬菜又称维扬菜。

扬州临江近海，隋唐运河穿城而过，地近运河入江口处，与淮南各地水陆相连，自来是茶、盐的集散地。对外交通海陆相接，珠宝、药材、香料经此转运。所以，工商行旅云集，人文荟萃，市容繁华闹热，甚于长安。唐代诗人常咏赞扬州的"十里长街"，张祜《纵游淮南》："十里长街连市井，月夜桥上看神仙。"韦应物《广陵遇孟九云卿》："华馆十里连。"杜牧《赠别二首》："春风十里扬州路，天末楼台横北固。"又："街垂千步柳，霞照二重城。"于邺《扬州梦记》描叙扬州市容："扬州胜地也……九里三十步街中，珠翠填咽，邈若仙境。"入夜之后，全城灯火辉煌，笙歌通宵达旦，陈羽《广陵秋夜对月即事》："霜落寒空月上楼，月中歌吹满扬州。"王建《夜看扬州市》："夜市千灯照碧云，高楼红袖客纷纷。如今不似平常日，犹自笙歌彻晓间。"李绅《宿扬州》："夜桥灯火连云汉，水郭帆樯近斗牛。今日市朝风俗变，不需开口问迷楼。"这样繁华的城市，诗人也想"腰缠十万贯，骑鹤下扬州"了。

扬州是个繁华的城市，也是个飘逸着诗意的城市。李白、杜甫、白居易、王昌龄、杜牧、李商隐都留下咏唱扬州的诗篇。后来欧阳修、苏轼曾任扬州太守，从平山堂览望扬州，也写下不少脍炙人口的诗。有诗就有酒，诗酒风流，最后总是离不了吃。帝王巡幸扬州，更是"恒舞酗歌"，"宴会嬉游"，尽尝东南美味。扬州所在的江淮地区，湖泊星罗棋布，自汉唐以来，就是著名的鱼米之乡，"水落鱼虾当满市，湖多莲茨不论钱。"于是，扬州水产野味，成为宫廷内膳供应的佳品。隋代扬州上贡，食品有鱼鲊、糖蟹、蜜姜，还有葵花大斩肉，即蟹粉狮子头。隋炀帝幸扬州，喜食以松江四腮鲈鱼制成的金齑鲈脍，认为是东南佳味。后来鲈鱼制成干脍，以冰船上贡长安，成为隋唐士人嗜食之物。皮日休"唯有故人怜不替，欲封干脍寄终南"。说的就是这种鲈鱼脍。

唐代扬州的繁荣，后经唐末战乱破坏，至北宋尚未复原。到了南宋，江淮又成宋金争夺之地，后来扬州被金主完颜亮占领，经过十六年的破坏，已是满目疮痍。姜夔过扬州，写下一阕《扬州慢》，其序描述扬州："予过维扬，夜雪初霁，荠麦弥望。入其城，则四顾萧条。"词中云："自胡马窥江去后，废池乔木，犹厌言兵。二十四桥仍在，波心荡，冷月无声。念桥边红药，年年知为谁生？"

明清以后，设两淮盐转运使于扬州。《两淮盐法志》载："盐课居赋税之半，两淮盐又居天下之半。"江浙、皖、赣的富商来扬州经营盐业。《淮安府志》说"四方豪商大贾鳞集麇至"。扬州盐商富甲天下。"衣物屋宇，穷极华奢，饮食器具，各求工巧，宴会嬉游，殆无虚日。"盐商不仅促使扬州经济繁荣，文化兴盛，同时也将扬州的饮食提升到一个新境界。

扬州盛于清康熙、乾隆之际，尤其是乾隆的五六十年间，是全盛时期。这个时候出现了一本记载扬州风貌的书，就是李斗的《扬州画舫录》。李斗花了三十多年辑成此书，刊于乾隆六十年。李斗说他的《扬州画舫录》"上记士贤大

夫风流余韵，下至琐细猥亵之事，诙谐俚俗之谈，皆登而记
之"。在琐细俚俗之事中，饮食是一个重要的部分，包括市
场、茶肆、酒楼、食店、食担、家庖、船菜、满汉全席、文
会，以及著名的菜肴、面点、茶、酒等皆有记载，透过这些
丰富的资料，可以探索维扬菜系的旧时路。

富春园里菜根香

那年冬季，再去江南，怀着满襟的朔风，下了扬州。扬州是初探，但时间仓猝，去来仅一天。所以，看罢平山堂欧阳永叔的饮酒吟诗处，就顺路下山去瘦西湖。瘦西湖的湖水静穆含烟，凝住两岸枯柳万千条。然后又到梅岭，吊史可法的忠魂，梅岭的腊梅绽放，满枝黄色的花蕊，颤颤在初露的冬阳里，另是一番风骨。最后赶去富春茶社。

游扬州必去富春茶社。所谓"琼花芍药红梅春，湖瘦山平皓月光。游罢兴余思去处，富春园里菜根香。"菜根香是正宗的维扬菜馆，在距富春茶社不远的街上。不过，菜根香的"金镶银"的蛋炒饭，名闻遐迩，是当年杨素随隋炀帝幸扬州，所嗜食的碎金饭遗风，惜没有时间一尝。富春茶社由陈步云初创于辛亥后不久，快九十年的老店了。最初原为赏花的花局，供文人雅士吟唱聚谈之所，后来赏游者日多，渐渐发展成食肆，供应维扬美点。

扬州茶坊之兴，来自苏州。《扬州竹枝词》云："问他家本是苏州，开过茶坊又酒楼。手植奇花供君赏，三春一直到

236

二秋。"苏州的茶坊是供四方游手好闲辈聚谈、商贾晨起聚会交换商业资讯之所，称为茶会。扬州兴盛后，许多苏州工艺匠人前往谋生，将茶坊开到扬州，最初士大夫不屑一顾，其后盐商巨贾涉足其间，渐为人接受。于是茶坊起于街衢巷陌，遍处皆是，所谓"扬州茶坊之盛，甲于天下"。形成扬州人早晨皮包水、下午水包皮的生活，也就是早晨去茶坊喝茶，下午到澡堂泡澡。

富春茶社是目下在扬州最老最著名的茶坊。上楼坐定，点了肴肉、淮阳干丝、三丁包子、翡翠烧卖、春卷、汤包、雪笋包子、千层油糕，还有一碗鱼汤面，都是维扬名点，最著名的就是三丁包子。三丁包子由来已久，当年乾隆下江南，驻跸扬州。不过，他认为做包子有五要件："滋养而不过补，美味而不过鲜，油香而不过腻，松脆而不过硬，细嫩而不过软。"扬州师傅尊上谕，以海参、鸡肉、猪肉、笋、虾仁切丁和馅，做成五丁包子。三丁包子即承其余绪，以鸡肉、五花肉、鲜笋切丁，鸡丁较肉丁、笋丁大，再以鸡汤煨后调馅制成。包出来的包子"荸荠鼓形鲫鱼嘴，三十二褶味道鲜"，全凭手上工夫。

包子的成败全在面粉的发酵。袁枚《随园食单》云："扬州发酵面最佳，手捺之不盈半寸，放松仍然高起。"维扬美点就以此为基础制成。翡翠烧卖其馅以青菜剁成泥状，用熟油调馅，皮薄似纸，蒸后透翡翠绿色，故名。烧卖上撒以火腿末，红绿分明，非常好看，其出处则由糯米烧卖转化而来。千层油糕则由清代扬州"其白如雪，揭之千层"的千层馒头而来。千层油糕将面皮擀成十六层，层置油丁，糕面撒青红丝，蒸后半透明，呈芙蓉色。翡翠烧卖与千层油糕，是富春茶社的双绝。

至于汤包，现在一般称汤包为苏式汤包，但汤包在苏州则称徽式汤包。《扬州画舫录·虹桥录》下载"乾隆初年，徽人于河下街卖徽毛包子，名徽包店"。徽州环山，山多马尾松，蒸包子的笼以松针垫底，既有松香味，又不粘底，故名徽毛包子。明清以后徽商遍天下，扬州盐商多徽商，徽商乡里之味的徽菜，也随着进入扬州，对淮扬菜影响甚大，徽毛包子即为一例。现今台北小笼仍以松针垫底者，仅吕氏夫妇经营的郁芳小馆。郁芳小馆治淮扬菜肴与面点。

扬州富春茶社的汤包，馅鲜、汤满。惜我去时河不出蟹，无法吃到蟹粉汤包。汤包不仅扬州，镇江、泰州、淮安等淮扬菜系所在皆是佳品，作家王辛笛咏其故乡淮安的汤包云："冻肉凝脂拌蟹黄，薄皮敞口一包汤。蒸笼抓取防伤手，齿舌从容着意尝。"颇为传神。

我住长江头

台北的维扬菜，以银翼为首，但银翼却以川扬风味为号召。川是四川，扬是扬州，二者一在长江头，一在长江尾，而且四川味好辛辣，维扬菜尚鲜甜，二者并举，甚不搭调。好有一比："我住长江头，君住长江尾。日日思君不见君，共饮长江水。"

川扬并列，究其原因，缘于上海的海派菜。所谓海派，鸦片战争后上海开为商埠，五方来会，华洋杂处，纸醉金迷的十里洋场，迅速发展成现代化的都会。为了突现其文化特色与北京不同，海派斯兴。海派的特色是兼容与创新，但稍嫌浮夸。于是戏有海派京戏，菜有海派菜色。虽然沪菜以甬、杭、苏、锡菜为骨架构成，但各地菜色也向上海辐辏。20 年代流行一段弹词，名为《洋场食谱开篇》，将当时上海著名的菜馆酒楼的特色，以韵语道出，开始唱道："万国通商上海城，洋场店铺密如林。苏杭胜地从来说，比较苏杭胜几分。市肆繁华矜富丽，中西食品尽知名。"所谓"中西食品尽知名"，已道出上海的海派菜逐渐形成。

最初进入上海的外地菜是徽菜，可追溯到鸦片战争以前。徽商善经营，此时已察觉中国未来经济的动向，资金由扬州向上海转移，垄断了上海的典当业，准备向其他新兴行业过渡。这是中国近代社会经济重大的变动，也是中国近代饮食文化重大的转变。前此，漕运或盐商聚集之所，必有佳馔。此后，通商口岸，洋商所处之地，促成菜系的形成。徽菜来沪，前后著名的菜馆有八仙楼、胜乐春、华庆园、鼎新楼、大中华等。抗战前上海的徽菜有五百多家，通衢皆是，其著名的菜色有炒鳝背、炒划水、走油拆炖，尤其是馄饨鸭与大血汤被沪菜吸收，成为上海的名馔。徽式面点也为沪人所喜。不过，上海的徽菜并非来自皖南徽商故乡；与上海的徽商一样，由扬州过渡而来。淮扬菜因盐商已受徽菜的感染，同时扬州的徽菜也有淮扬菜的风味。

不过，川菜和淮扬菜最初在上海，各行其是。淮扬菜在光绪初年到上海，当时最著名的扬州菜馆有新新楼与复兴园，20世纪初则有大吉春与半醉居。半醉居榆柳夹道，环境雅洁，沪上词人墨客多咏唱其间。30年代后则以老半斋最著名。老半斋来自镇江，其肴肉清抢用的是镇江香醋。40年代初，扬州名厨莫有庚来上海，主厨于中国银行，后与其兄弟有财、有根组莫有财厨房，是现在著名的扬州饭店的前身。淮扬佳肴在上海有醋熘鲫鱼、清蒸刀鱼、红烧狮子头、煮面筋、清腰片、鱼面、玫瑰猪肉馒头等，莫有庚所创的松仁鱼米，也脍炙人口。淮扬菜在上海或新创，或承旧统，皆能保持固有风味。

川味于清末出现于上海，始于英租界四马路（现福州路）一带，有川人经营的川味小馆，颇受欢迎。国民军北阀，军中有不少川人，于是川味随国民革命军进入上海，30年代著名的川菜馆有都益处、大雅楼、共乐春、陶乐春等，其菜肴有米粉肉、奶油广肚、蹄筋腊肉、锅烧羊肉、菊花锅、红烧大杂烩等。不过川味到上海后，为适应在地人口味，去其辛辣，已非其乡里正宗。尤其胜利后，接收大员携眷顺流而下，复员上海，因八年抗战局居山城，一旦离去，颇似陆游离蜀以后，"东来坐阅七寒暑，未尝举箸忘吾蜀"，对川味念念不忘。于是，海派的川菜兴焉。海派川菜附淮扬菜行于沪上，而有绿杨春与梅龙镇等酒家出现。绿杨春取名自王渔洋诗句"绿杨深处是扬州"，梅龙镇则采自京剧《梅龙镇》，除保持淮扬菜肴的特色，并增供川菜，有鱼香肉丝、干煸牛肉丝、樟茶鸭、陈皮牛肉等等。其后锦江饭店也是川扬合流，我曾在锦江饭店吃过一味干煸牛肉丝，麻而不辣，微甜，其味绝佳，又多点了一盘。海派川菜与淮扬菜合流后，因而出现了"川扬"的招牌。

台北银翼的川扬，非来自上海。银翼原是抗战时昆明空军的福利餐厅，并供应陈纳德飞虎队的饮食，后复员杭州笕桥，撤退来台后，独立而出。初张于台北火车站旁，室内装潢仍是空军蓝色，又为名银翼，以示不忘本。不过，现在几经迁移，已多不知其源流了。

案：此篇言海派菜意犹未尽，故更撰《海派菜与海派文化》续论之。

也论牛肉面

　　焦桐在《联副》上，发表了一篇《论牛肉面》，是篇谈吃的好文章。谈吃的文章不易写，若梁实秋的《雅舍》、周作人的《知堂》、汪曾祺的《五味》以及陆文夫的《美食家》，既谈吃且有情趣而不俗。谈吃没有情趣，若牛啃草，疗饥而已。

　　我也好牛肉面，但仅止于好。所谓好，只要对味就好，不像焦桐独沽一味，竟至酷爱的程度，但却品出其中之味。多年前，《世界日报》在美创刊，刘长官（洁）嘱我写稿一篇，我写了一篇《牛肉面及其他》，在纽约与台北同步刊出。这篇文章颇脍炙人口，论谈者颇多，且有后话。

　　文章发表的当晚，就接到信义路"牛肉面大王"寄来的请帖，请我吃面，务必赏光。因为在文章里批评这家牛肉面店的服务态度，伙计与老板都非常傲慢，我的朋友曾在那里掀过桌子。于是我约了刘长官，因为文章是他约的。心想宴无好宴，所以带了一个黑带三段的学生，届时前往。但我并不认识老板，我介绍餐馆，有一个原则，一定是和餐厅老板

243

互不相识。因为吃人家的嘴软，以免有广告之嫌。我们在楼上点了几样小菜和面，浅酌起来，却没有通知老板。饭罢付账，并留一张名片，意说我已经来过了。服务生接过名片匆匆下楼，接着老板堆着满脸笑容，上得楼来，他说他刚接手，原来的王老板移民了。他顶下这个铺子，过去一切请多包涵，并且说希望以后常来吃，记他的账。我也笑着回答："面味道不错，只要将汤里整粒的花椒大茴挑拣出来，就好了。"

还有一谈的是当时开在杭州南路仁爱路口，招牌写着"独一无二"的"老张担担面"，我在《牛肉面及其他》里写老张担担面："的确有它独特的地方，选牛肉是上等的，绝无牛腩，汤醇厚而不腻，佐以泡菜与小笼包食之，其味绝佳。我欣赏的倒不是这个，而是这些年转变很大，老张担担面一直保持着原来的模样。一样的牛肉，一样的店面，一定的开堂时间，在四周高楼云起里，走进这家店吃面，还能使人发思古之幽情。"

文章发表以后不久，我再去"老张担担面"来一碗红烧，发现汤味已不似以往，付账后留下一张名片，并写了几个字。过去和现在我都不习惯用名片，印名片是为了上饭店用的。当年逯耀东三个字，在饭馆还有点名头，不似今日后生拿了名片说这个逯字没见过，怎么读法。当晚就接到"老张担担面"老板的电话，他说他准备不做了，都是我惹的。平时他一天卖70斤的牛肉，从我的文章发表后，一天卖130斤牛肉的牛肉面，实在累得受不了。我安慰他说保持原来的味道就好。但我们始终没见过面。

后来那老板的确不做了，将招牌顶给别人，又因为原地改建，迁到旁边巷子里去了。我曾去吃过一次，真的已非旧时味了。去时正是晚饭上座时分，但座上只有愚夫妇二人，不似当年红火了。几年前，路对面开了一家老张川味牛肉面，依稀当年口味，但不知是否原来的老张担担面再开张。不过，此店仍售猪肝面过桥，当年仅此一家。靠墙的桌子坐着一老者，背后衬着个泡菜大玻璃罐子，罐里白色泡菜间浮着几支鲜红的辣椒，老者神情木拙而落寞，在座上的喧哗声中，倍觉凄清。当炉的是些中年妇人，也许薪火相传到第二代了。

这篇《牛肉面及其他》，引起不少读者的关注，来信告知他们认为好吃的牛肉面。当时牛肉面遍街皆是，顺手拈来，难免有遗珠之憾。不过，其中永康街三角公园旁的一家牛肉面摊，倒值得一提。我按图前往，摆摊的是一个五十多岁的汉子。我称他是条汉子，因为颇有性格，台风下雨，身体心情不爽都不开市，摊旁树干上贴出张条子说明缘由。我去了几次终于吃了一碗，汤里似稍加一点芝麻酱，比较香稠，的确与众不同。

摆摊的老板也许是军中退役，才有这种豪爽却别扭的性格。我在凤山步校受预官培训时，凤山桥头有一家牛肉面店，铺子用竹子搭成，非常简陋，老板五六十岁，消瘦的脸上没有表情，嘴上老叼着一支香烟，一口川音，是军中退役的士官。灶上店中只他一人打理，专售牛肉与蹄花面。店里仅竹板桌三张，木凳八九个。永远客满，门外还有许多军官等候。一次我正在店中低头吃面，忽然听到老板大声说："不吃，出去，啰唆！"我抬头一看，一位三颗梅花军官正无奈地起身，嘴里还讷讷说："我要的红烧，不是蹄花。"他还没有走出门，站在门外的一位中校已挤进来，喊着："蹄花，我要。"小店没有招牌，后来我对人称其为"司令官牛肉面店"。

再论牛肉面

当年在台湾吃牛肉并不普遍，但牛肉面却在此兴起，并且流行，是个异数。牛肉面在此兴行，和过去半个世纪社会经济的发展、文化的变迁与族群融合都有关系。的确值得一论而再论。

先民初移民台湾，拓垦田野，牛是主要的劳动力，不仅对牛宠顾，更不忍食其肉。所以，牛肉丸随客人传来台湾，改以猪肉制作，而成今日的新竹贡丸。一般家庭是不吃牛肉的，想吃牛肉只得到外面去，市场有卖牛杂的摊子，以大锅煮牛杂，香腻无比。并将新鲜的牛肚、牛心或牛肉在牛杂锅里汆烫，其名曰切，尤其切毛肚，更是鲜嫩无比，如北京的水爆肚。不过，这种大锅煮的牛杂，现在已经无处可觅了。我曾去潮州与中坜探访，都不是那种烹调法。过去南昌街还有一家大锅煮牛杂，现在也改成中坜式了。至于切牛杂台南还有一家，但不是原锅原汁切烫，原味全失。

面条是面粉的加工品，台湾吃的多是以米磨粉，制成米粉与粿条。至于面粉制的面条，即是大面又称油面，虽有来自福州的意面却不普遍。油面的烹调方法很简单，一是以葱在油锅爆香后下肉丝同炒，但肉丝切得粗如手指，然后加汤入面共煮，其面汤葱油香与面中碱味并现，不下上海城隍庙的葱油煨面。过去街旁露店都会煮，但现在却变味了。另一种是切仔面，则更简单，将面在汤锅烫后，加绿豆芽和韭菜数条、两片瘦肉即可。现在面摊卖的阳春面，粗细皆有，则来自上海，江南称加葱花的光面为阳春，即阳春白雪之意，其名甚雅。如今街头有傻瓜面，则源于福州的干拌面，配福州鱼丸汤而食，起于小南门榕树下的面摊，价廉物美，因为我的女朋友在附近医院工作，当时常去吃。

但将牛肉与面条合成的牛肉面，却创于台湾。牛肉面冠以川味，但四川却不兴此面。那年西北壮游归来，在成都歇脚，风尘未扫，就出得旅店，包了辆计程车，去寻觅地道的川味牛肉面。穿街过巷两个小时，竟无所获。最后吃了两盘夫妻肺片与一碗钟水饺，拎了一斤郫县豆瓣酱回来，虽然价钱甚廉，但车资却不赀。

郫县豆瓣酱是调制川味必备之物，红烧牛肉面不在川味小吃之列，川味小吃中有小碗红汤牛肉一种。其制法将大块牛肉入沸水锅氽去血水后，入旺火锅中煮沸，再用文火煮至将熟，捞起改刀，然后将郫县豆瓣剁茸，入油锅煸酥去其渣成红油，以清溪花椒与八角等捆成香料包，与葱姜入牛肉汤锅中，微火慢熬而成，其汤色泽红亮，麻辣滚烫，浓郁鲜香。台湾的川味牛肉面或缘此而来，合红汤牛肉与面而成，即为川味牛肉面。只是台湾的川味牛肉面内加番茄，当年大同川菜的牛尾汤，红艳诱人，即如此做法。

当时台北的川味牛肉面，除了街边巷内的牛肉面摊外，设有门面的不多，只有杭州南路的老张担担面、上海路（现林森南路）唐矮子担担面、松江路的小而大等。不过，川味牛肉面虽在台北流行，最初可能出自冈山的空军眷区。（1949 年大陆来台军人眷属，惊魂甫定，举目四顾而有山川之异，青春结伴还乡之期渐渺。）台湾四季如春，虽无秋风，但仍兴莼鲈之思，想念故园的乡俚风味，于是大陆各地的风味纷纷杂陈。大陆各地的小吃在台湾出现，一来是为了疗治乡愁，二来是维持生计。尤其当时军人待遇偏低，军眷集居的眷区之外，多有各地不同风味的小吃出售，以此贴补家计，于是军眷区成为地方风味小吃的发祥地。冈山空军眷属多来自成都，所以，冈山辣豆瓣酱在此出产。最初的冈山豆瓣酱，以蚕豆瓣和辣椒制成，有几分似郫县的豆瓣酱。台湾的川菜兴起后，多用冈山豆瓣酱烹调。不过，现在的冈山豆瓣酱已在地化，偏甜已不堪治川味了。冈山既有豆瓣酱，且多四川同乡聚集，就地取材，制成红汤牛肉加面的川味牛肉面，也是很可能的。

不过，川味牛肉面初兴之时，我正在台北读书，因为牛肉来源不易，就当时价钱而论，并不算便宜。台大门前就有两摊，只要袋中有余钱，打牙祭时才吃一碗。一次我们同学打赌，一位同学一口气写出一百个外国电影明星的名字，且是英文的，我们输给他四碗红烧牛肉面。不过，那四碗牛肉面他也是一口气吃完的。

还论牛肉面

当年和川味牛肉面同在台北流行的，还有清真牛肉面。清真牛肉面是清汤的，和烧饼、豆浆、馒头一样，多由山东老乡经营。清真牛肉面摊子上支着一口铝制的大锅，锅上架着个铁算子，铁算子上摆着几大块刚出锅的牛肉，现吃现切。清真牛肉都是当天现宰的黄牛肉。锅里的牛肉汤微滚，汤里的黄油向四下扩散。在微滚的汤中浸着已煮熟的牛肉，还沉浮几个硬火烧。

清真牛肉面摊前有一条长凳子，顾客坐在凳子上，指着算子上的牛肉挑肥拣瘦。老板一面切着牛肉，一面和顾客有一句没一句地话着家常。尤其在冬天寒冷的晚上，锅里飘散着一团蒙蒙的雾气和肉味，满座尽是乡音，此情此景，真的是错把他乡当故乡了。清真牛肉面集中在怀宁街和博爱路一带的廊下。后来清理这一带的交通，这些清真牛肉面的摊子就星散了。现在还剩下搬到延平南路的两家，但牛肉不是现切，汤口也不如从前了。

清真牛肉面没落以后，剩下的只有川味牛肉面一枝独秀。川味牛肉面鼎盛时期，巷口和街边的违建都有川味牛肉面。一条桃源街虽然不长，比邻而张竟有十几家牛肉面大王。台湾这个地方别的不多，就是大王多，各行各业都有自封的大王。于是在喧嚣的市尘中，竟出现了个"桃花源"，成为北市一个观光的景点。因此，川味牛肉面变成桃源街牛肉面。后来桃源街牛肉面衰退后，各处出现了桃源街牛肉面为名的字号，一如永和豆浆散布全省各地，甚至扩张到海外。

不仅在台北市或全省各地城乡市镇，都可以看见川味牛肉面的市招。这种现象说明了一个事实，就是吃牛肉面的人口普遍增加。吃牛肉面不再是为疗治外地人的乡心，而是还包括众多的在地人。这是一个重要的转变，已突破过去在地人不吃牛肉的禁忌。这是台湾过去几十年饮食文化发展重要的突破，为后来快餐文化的"麦当劳"登陆台湾作了奠基的准备工作。如果没有川味牛肉面的先行，台湾就没有那么多吃牛肉的人口，谁愿意吃那种半生不熟、腥气又重的面包夹牛肉饼？

川味牛肉面由乡土小吃变成大众食品，不是没有原因的。因为方便快捷而味道还不错。不论面摊或专卖牛肉面的店家，只需备特大号的铝锅一只，炖妥的牛肉盛于锅内，面下妥后浇上一勺即可。这样的吃法颇适现代社会快速发展的饮食速简的需要。虽然台湾的快餐文化，由美国的快餐进军台湾以后而迅速发展起来。不过，饮食文化和社会经济发展的步调相互配合，60年代中期台湾的经济已有起飞的迹象，快餐文化也开始萌芽，维力面与生力面就在这时出现。现在速食面在超级市场中自成一个单位，虽然速食面的品味众多，但每一种品牌必有红烧牛肉面，是唯一可以与美国速食抗衡的中国速食。所以，川味牛肉面从最初的外来乡里小吃，变成我们在地的大众食品，然后随着社会经济的转型，又成为速食文化重要的一支，其间的历程是经过许多转折的。

最初的牛肉面以老张、老王、老李为招牌，现在已经变成张家、王家、李家的牛肉面，也就是牛肉面已经薪火相传到了第二代。由当初单独个人的经营，现在成为家族相承的生意。但在承传之间却发生了口味的转变，最初的川味牛肉面，虽然各有各的特色，但却大同小异，口味相去不远。但随着社会多元化的发展，各人有不同的意见，口味也各有不同。为适应各种不同的口味，以过去的川味牛肉面为基础，作了不同的口味转变。这种口味的转变使川味牛肉面彻底本土化，变成台湾牛肉面。所以，台湾牛肉面扬名海外，登陆美国，然后回流台湾，并传至大陆，称其名为加州牛肉面，但仔细品尝，还是台湾牛肉面的味道。

一次在电视上，看到施明德一面招待记者，一面低头扒食一大碗牛肉面。后来读他的《心牢三帖》，其中有牛肉面一帖。叙述他在死囚牢中，晚上常吃一碗牛肉面，那是监狱福利社买的。在他吃面时，总看到对面号子另一个死囚羡慕的眼光，他想买一碗送给他吃，还没来得及，那死囚就被处决了。这位死囚是政府派往海外的情治人员，因冤狱而受祸，文章非常感人。施明德真是浪漫的"革命者"，但不论"革命"或"不革命"，大家都吃过牛肉面，是可以肯定的。因此，饮食文化的变迁，融入历史发展过程中，只是一个客观的存在，其中的你和我不是绝对的。川味牛肉面就是一例，其可论处在此。

何处难忘酒

白居易好酒，常至薄醺。他认为这样可以有陶渊明饮酒的境界："一酌发好容，再酌开愁眉。连延三四酌，酣物入四肢。忽然遗物我，谁复论是非。"的确已有陶诗的韵味了。他写了不少效陶渊明的诗，都在浅酌微醺之后。

陶渊明嗜酒，他的《饮酒》诗序就说："余闲居寡饮，兼比夜已长，偶有名酒，无夕不饮。顾影独尽，忽焉复醉，既醉之后，辄题诗数句自娱。"酒醉之后，还能题诗数句，显然已和他以前的魏晋名士阮籍、刘伶拼命喝酒，烂醉如泥完全不同。

刘伶自称"天生酒徒"，《晋书》本传说他"常乘鹿车，携酒一壶，使人荷锄而随之，谓曰：死便埋我！"醉死了随地就埋，真的是拼命喝酒了。阮籍听说"步兵营人善酿，有贮酒三百斛"，于是求为步兵校尉，这样就近水楼台，恣意酣饮了。阮籍的侄子阮咸一族也善饮，所谓"宗人间共集，不复用杯觞斟酌，以大盆盛酒，圆坐相向，大酌更饮。时有群豕来饮其酒"。喝酒不用酒杯，就盆而饮，且与猪狗同槽。

刘伶、阮籍、阮咸都是竹林名士,"竹林七贤"人人能饮,最不济的嵇康也有二斗之量。

竹林名士纵酒长啸,向道羡仙,借饮酒摆脱现实的苦闷,真的是饮酒伤身,不饮伤心了。但陶渊明不同,他的《连夜独饮》诗说:"运生会归尽,终古谓之然。世间有松乔,于今定何间?故老赠余酒,乃言饮得仙。试酌百情远,重觞勿忘天。天岂去此哉,任真无所先。云鹤有奇翼,八表须臾还。"陶渊明虽然对自己生活的现实世界也不满意,却不像他以前的魏晋名士,借酒逃避,他仅以酒作刹那的升华,然后又回归自己生活的土地,将醉意和胸中隐藏的理想融合起来,于是在现实世界里可能存在的桃花源,就渐渐隐现了。魏晋思想至此一变,在文学领域里续招隐、仙游诗之后,咏赞自然的山水诗也随着出现了。也许这是读陶诗该寻觅的境界。

白居易虽然欢喜陶渊明的饮酒诗,但饮酒的方式却和陶渊明不尽相同,除了独饮独醉之外,还欢喜与人共饮。他有《劝酒诗》十四首,诗前有序:"余分秩东都,居多暇日,闲来辄饮,醉后辄吟……每发一意,则成一篇。凡十四篇,皆主于酒。故以《何处难忘酒》《不如来饮酒》命篇。"

诗以《劝酒》命篇,必须有劝饮的对象,那就不是陶渊明的独酌独饮独醉了。在《劝酒诗》中有《何处难忘酒》七篇,是白居易与人劝饮、观察后的咏叙,发现在某种情景之中,是必须有酒寄情的。他认为初登高第喜气新,朱门少年春分理管弦,青门送别泪涕收,将军凯歌庆还乡,逐臣逢赦归故里，老病翁独步霜庭，故友天涯又重逢，在这种情景之中，都该有酒一盏。

不过，白居易诗中所叙该有酒的情景，现在已经不存在了。但故友重逢该有酒一盏，却是古今相同的。他的诗所写："何处难忘酒，天涯话旧情。青云俱不达，白发递相惊。二十年前别，三千里外行。此时无一盏，何以叙平生？"所谓"十年生死两茫茫，不思量，自难忘"，道上不期而遇，已白发苍苍，风尘满面，把肩相视，无言以对，此时无酒，何以共话沧桑。在鲁迅的小说中，我比较喜欢的是《在酒楼上》，写两个分别十年的朋友，落大雪的天气，在小酒馆的楼上，不期而遇的故事。两人把盏话旧以后，最后下得楼来，在大雪纷飞的暮色中别过，相背而去。可能是鲁迅的尖刻文章中，最有人情味的一篇，因为既有酒又有情。

饮酒，与朋友对饮而不过量，是雅事。日前，卜少夫先生招饮于天香楼，才知道他不久前摔断腿，因为他见报知我也曾开肠破肚，算是同病相怜，约我相叙，然后我请他在全聚德吃烤鸭和鱼羊鲜，贺他康复。少老已经是 91 岁的人了，豪情依旧，只是不再豪饮，浅酌而已。朋友劝他戒酒，他说酒不能戒，戒了就没有朋友了。犹记 20 年前在香江，我办《中国人》月刊，一日少老来电话说该浮一大白。于是，我请他在铜锣湾的老正兴欢饮，一桌七人共饮了六瓶拿破仑，是日大醉，不知如何过海回家的，因为第二天早晨发现自己躺在家里的客厅地板上。

"佛跳墙"正本

要过年了。过年，是中国人的习俗，即使世道不好，百业萧条，年还是要过的。年是一关，日子再难捱，也希望过个好年。不论好歹，总期待年关过后，日子会好过些。如朱淑真《除夜》诗所说："爆竹声中腊已残，酴酥酒暖烛光寒。朦胧晓色笼春色，便觉春光不一般。"年前年后光景不同，端的是年年难过年年过了。

最近些年，社会变得太快，人情薄了，年味也淡了，我也随俗，懒得再厨下周旋，仅治一品锅配以腊味数种，凑合着过年了。的确现在不兴过年了，但主持中馈的主妇，平时上班，到时也不得不虚晃一招，到市场买些现成的菜肴回来应景。这几年时兴的"佛跳墙"装罐出售，有汤有菜，热透上桌，围而食之，算是过团圆年了。不仅市场有现成的"佛跳墙"，各大观光饭店也推出各式的"佛跳墙"，有药膳佛跳墙、养生滋补佛跳墙、九华佛跳墙、鱼翅佛跳墙，名目繁多，售价惊人，一罐售价竟至两万五千元，就不是我们小民可以染指的了。

　　这些名目不同的"佛跳墙"，各吹各的号，各唱各的调，各有不同的制法。并且各有神奇的渊源所自，有的说远溯源于唐代，有的则说是道地的本土佳肴。一切事物都可以本土化，唯独饮食一道，不可自我设限，截断其源流，而说起自我民我土。"佛跳墙"一味，犹复如此。所以，该对"佛跳墙"作一次正本清源的解说。

　　"佛跳墙"是福州佳肴，兴于清朝同光年间，初名"坛烧八宝"，后易名"福寿全"，最后称"佛跳墙"。由创办"聚春园"的郑春发推广而流传。

　　至于"佛跳墙"的由来，一般都说是庙里的小和尚偷吃肉，被老和尚发现，小和尚一时情急，抱着肉坛子跳墙而出，因而得名。其实"佛跳墙"的由来有各种不同说法，其中之一是和"叫花鸡"一样出于乞丐之手。乞丐拎着破瓦罐沿街乞讨，在饭店讨得的残肴剩羹，加上剩酒混在一起，当街回烧，奇香四散，他们称为杂烩菜。菜香触动一家饭馆老板的灵感，于是将各种材料加酒烩于一坛中，因而有了"佛跳墙"。另一说法是福州新妇过门，有"试厨"的习俗，以验其将来主持中馈的功夫。相传有一个在家娇生惯养的新妇，从不近庖厨，临嫁，其母将各种材料以荷叶包裹，并告知不同的烹调方法。但待新妇下厨，却丢了方子，一时情急，将所有的材料置于酒坛中，上覆荷叶扎口，文火慢炖。菜成启坛，香气四溢，深获翁姑的欢心，于是有了后来的"佛跳墙"。

不过，郑春发的徒弟强祖淦所说，较为可靠。此菜创于光绪丙子年，当时福州官银局的长官，在家宴请布政司杨莲，长官的夫人是浙江人，为烹饪的高手，以鸡、鸭、猪肉置于绍兴酒坛中煨制成肴，布政司杨莲吃了赞不绝口，回到衙内，要掌厨的郑春发如法调制，几经试验，总不是那种味道。于是杨莲亲自带郑春发到官银局长官家中，向那位官夫人请教，回来后，郑春发在主料里又增加鲍参翅肚，味道甚于官银局的。

郑春发13岁习艺，后更去京、沪、苏、杭遍访名师，学得一身好手艺，辞厨后，自立门户，开设"三友斋菜馆"，后更名"聚春园"。承办布政、按察、粮道、盐道等官府宴席，供应此菜。初名"坛烧八宝"，后来继续充实材料，主料增至二十种，辅料十余种，并换了个吉祥的名字，称为"福寿全"。一日，几个秀才到"聚春园"聚饮，堂倌捧来一个酒坛置于桌上，坛盖启开，满室飘香，秀才们闻香陶醉，下箸更是拍案叫绝，其中一个秀才吟诗一首，内有："坛启荤香飘四邻，佛闻弃禅跳墙来。"之句，因而更名"佛跳墙"。而且"福寿全"与"佛跳墙"，在福州话的发音是相近的。

制"佛跳墙"取绍兴酒坛，加清水置微火热透，倾去。坛底置一小竹算，先将煮过的鸡、鸭、羊肘、猪蹄尖、猪肚、鸭肫等置于其上，然后鱼翅、干贝、鲍鱼、火腿，用纱布包成长形，置入坛中，其上置花菇、冬笋、白萝卜球后，倾入绍兴酒与鸡汤，坛口封以荷叶，上覆一小碗，置于炭火上，小火煨两小时，启盖，置入刺参、蹄筋、鱼唇、鱼肚，立即封坛，再煨一小时，上菜时，将坛中菜肴倒入盆中，卤妥的蛋置于其旁，配以小菜糖醋萝卜、麦花鲍鱼脯、酒醉香螺片、香糟醉鸡、火腿拌菜心、香菇扒豆苗等，就凑成一席地道的福州"佛跳墙宴"了。

太史蛇羹

广东人对吃虽非常坚持,但吃的范围却很广,套句现成相声段子的话,"天上飞的,地上跑的,草里爬的,水中游的"都吃。归纳起来,只要背脊朝天的,都可以入馔。而在诸多饮食料中,对爬虫类的蛇却情有独钟。当中秋过后,市招便扯起来,所谓秋风起,三蛇肥,吃蛇的季节开始了,一直吃到过年。于是蛇王源、蛇王林、蛇王陈等,以店主姓氏为名的蛇品专卖店,如冬眠的蛇,在一阵绵绵的春雨后,又都苏醒了。

所谓蛇王是劏蛇的专业者,劏即粤语生杀之意。这些蛇品专卖店里,装蛇的铁丝笼子层层堆积,笼内的蛇或盘卧而眠,或蠕蠕欲动,或昂首吐信。蛇本来是种可嫌的动物,但拥挤在笼里待宰,却有些可怜。当劏蛇之时,蛇王从笼里取出一条,挂在店前廊下的铁钩上,当街当众劏杀,身手快捷利落,每日少说也劏百八十条,蛇皮堆积如小丘。

劏过的蛇可制成不同的蛇馔,其中最普遍的是蛇羹。蛇羹不论高下,一概称"太史蛇羹"。"太史蛇羹"出于羊城江太史府第。江太史名孔殷，字少荃，南海人，传为猴子转世，少年好动，若活蹦乱跳的虾子，时人又称其为江虾，后以别号霞公传世。其先世以营茶致富，同光间人尊称为江百万。江霞公少聪慧，但读书并不用功，善为文，气势如长江大河。尝言其逢九利于科场，其19岁入庠，29岁中举人，39岁中进士，次年入翰林，时在光绪二十九年，是清最后一科会试，此后科举就废了。江霞公与谭延闿同科。谭延闿是陈履安的外祖父，是国民政府奠都南京后第一任行政院长，也是知味大家，有畏公翅、畏公豆腐流传于世，台湾湘菜流行即承其余韵。

江霞公性诙谐玩世，其考乡试时，出重资请著名的枪手郑玉山代他入场考试。他自己却以低廉的代价，替别人做枪手。结果双双高中举人，他拟联自炫："作手请枪，要瞒人非为好汉；阔佬响炮，过得海便是神仙。"民国后为南洋烟草公司总代理，广交游，挥金如土，妻妾成群，席开不夜，家中私厨有中厨、西厨、斋厨，内眷另由六婆打理，太史第江府的菜细致誉满羊城。抗战后江霞公避难香江，家道中落鬻字维持生计，家厨四散，"太史蛇羹"因而流落于茶楼酒肆。

最近接江献珠女士寄赠《兰斋旧事》。江献珠女士是江霞公的孙女，也是烹饪名家，在美国曾出版食谱，颇为畅销。后来其夫陈天机任中文大学联合书院院长，我曾在陈家作客，由江献珠女士下厨，菜色既有太史遗风，且有新创，

江女士甚健谈，是夕宾主尽欢。兰斋是江太史书斋名，叙太
史蛇羹制作与外传颇详。

江太史家厨前后有卢瑞、李子华与李才三人，其中李才
在江府服务最长，自兴盛至迁港后一段时间。离开江家后在
塘西可居俱乐部工作，郁郁不得志，后恒生银行何添推荐入
恒生的兴宏俱乐部工作。李才有侄名煜林，12岁随李才习
艺，练得治蛇羹的好手艺。

江家兴盛时江献珠女士尚幼，对太史蛇羹制法不甚了
了，后来询之李煜林，是时李煜林也入恒生银行服务，已
二十余年。太史蛇羹最大的特色是蛇汤与上汤分别烹制，蛇
汤加入陈年的陈皮与竹蔗同熬，汤渣尽弃不用，再调以火
腿、老鸡与精肉同制成的顶汤为汤底，汤的高下决定蛇羹的
品质。上汤虽然重要，但刀工更非寻常，蛇是蛇羹的主料，
副料有鸡肉、鲍鱼、广肚、木耳、冬菇、生姜、陈皮等必定
切得均匀细致，诸料同烩，加薄芡即成。作料青柠檬叶切得
细如发丝，都由大厨亲自料理。菊花瓣则取自花园自种的菊
花，薄脆现炸，此即为太史蛇羹。一席太史第的蛇宴，先上
四热荤：鸡子锅炸、炒响螺片、炒水鱼丝，水鱼即甲鱼，水
鱼丝以甲鱼裙边切丝，太史豆腐、蛇羹之后，押席的大菜是
双冬火腩焖果子狸，以陈皮与炸香的蒜头同焖，再入广肚，
其汁鲜稠。其后则上饭菜大良积隆咸蛋、炒油菜、蒸鲜鸭肝
肠，及煎糟白鱼加香醋与砂糖少许，饭用兰斋农场特产的泰
国黑米制成。

　　记得早年读过一则笔记，记江太史请其同年谭延闿吃蛇宴，作陪的是胡汉民、汪精卫。谭延闿与江霞公是翰林，胡汉民是举人，汪精卫最年少只是个秀才，除了江霞公，他们都是开国的革命元勋，席间却大谈科举的美妙，胡汉民突然喟然而叹说："如果科举不废，谁还来革命！"胡汉民此一叹，事关近代中国知识分子的转变，就不是茶余酒后可论的了。

一封未递的信

　　最近我的糊涂斋搬了家，因为现在居处的书房过于狭窄，多年局促其间，日久天长竟窝出病来。如今虽然退休，但干我们这行的，无所谓退或不退，而且仍有些未成的旧业待理。于是，在居处附近，觅得二楼公寓一层，作为书屋。公寓面对公园，且无铁栅相隔，立于阳台，可揽整个公园的翠绿，公园时有儿童嬉戏其间，虽有些嘈杂，但颇有稚趣，案头独坐，不甚寂寞。

　　书房三十几叠，一人独拥，读了大半辈子的书，从来也没有这么豪华过。现在大致整理就绪，书已上架，书架倚壁罗列，颇可一观。只是还有些杂物箱堆积一旁。杂物箱多是些陈年旧物，每次搬迁无法清理的旧稿、札记或一些没有撕的信件，置于其中，越积越多。一日偶翻杂物，竟抽得一封已写妥却没有寄出的信。

　　对我来说，信写妥却未投递，也是常有的事。我非常佩服人家能写出文情并茂的信，但我却不行。虽然我也能写几笔文章，但却懒得写信，往往是写好信笺，却找不到信封，信笺信封齐备又没有邮票，为一封信跑一趟邮局，是很麻烦的事。好在自己交游不广，不必作无谓的应酬。虽然也有几个至交，但大家都懒，虽然远在天涯，只要知道彼此粗体尚健，就不必闻问了。

不过，这封信却不同，是写给一个从未谋面的人，而且谈的是饮食之道，也是目前为止唯一一封与人谈饮食的信。信写给陈非，是香港的一位食家。香港对于在报纸写饮食专栏，一概以食家名之。香港的食家不少，但写得好的却不多。因为他们多欢喜往脸上贴金，并为一些茶楼酒肆"卖广告"。不过，陈非却是其中的佼佼者，他不仅知味，而且能论其源流，是我欢喜读的一个专栏。不过，香港食家论食，也许受了"食在广州"的影响，对于他们自己的饮食习惯不仅坚持而且也是非常固执的。因此，他们对广东以外的"上海菜"了解不多。所谓"上海菜"，是最初对广东以外的菜统称上海菜，广东以外的人，皆称上海人，仿佛偌大的中国只有一个上海。现在对中国大陆的情况了解较多，已将上海易为北方了。广东以外的菜改称为北方菜。

但这些食家对上海或北方菜，知道得不多，每有谈论，往往出错。陈非谈台湾的"复兴锅"就是一例。案复兴锅出于当年北投干校的复兴岗，一鸡、一鸭、一蹄髈与大白菜置于一锅之中，其锅以白铜打制，若大号的地球仪，诸物置于锅中，多加剥壳的鸡蛋十枚，外配小菜四碟，其名曰梅花餐。锅密封，食时揭开，以保暖，有汤有菜，汤清澈鲜美。

当年老总统每年开春，宴北部大专教师于中山楼，用的就是这种复兴锅。

复兴锅配小菜四碟，其中必有一碟油焖笋，是老先生嗜食的家乡俚味。老先生坐于台上，饭前开讲，开讲没有讲稿，闲话家常，闲话离不了我带你们来的，还要带你们回去，颇有人情味，不似他讲演训词的威严。

但陈非却将复兴锅误为香港"肥杜"的边炉，的确错得太离谱。因此，我投书更正其误，并说老先生设琼林宴于中山楼，席开两三百桌，若一桌一边炉，生涮熟烫，庙堂之上，烟雾四起，成何体统。陈非接信后，即复函称谢，并将我更正的原函刊于他的专栏中，文后附注说他写不出这样的文章，不敢掠美，故原函照登，题曰《逯耀东》。我看后觉得不好意思，就回了一封信给他，没想到这封信原封不动，随我由香港迁徙返台，挤在杂物箱中十多年，实在对不起陈非先生。

信虽写了十多年，现在读来仍有可取之处，信上写的：

陈非先生：

手教敬悉。日来读先生专栏，多所称誉，实不敢当，实在太客气了。饮食虽是小道，然涉及范围甚广，且有南北之殊，东西之异，治之不易。耀东来港前后近二十年，且常流连于小食肆大排档之间，然迄今仍无法了解鱼豆腐之制法，炒鲜奶如何出自大良，所谓一地不知一地事也。

饮食事关文化，今日社会文化迅速转变，传统饮食亦随之没落。昨日进城，特去西环天发，除吃碗仔翅外，并配以焖苦瓜，芝麻酱拌面。然其店将因改建而拆除，地道潮州老字号又少一家，思之黯然。

近年有暇即去大陆，非为探幽揽胜，亦无关学术交流，对饮食怀旧而已。去年底再去江南，在扬州春日茶社吃三丁包子、肴肉、干丝，再转无锡吃三凤桥之肉骨头、聚丰园之梁溪脆鳝、油爆虾，更去苏州松鹤楼吃炒虾蟹，最后在上海大同吃雪花蹄筋。皆和当地人民共食，更可解其真正饮食情况，发现内地饮食与其文化一样，与传统间存在一断层，此为某些社会问题发生之潜在原因。

这是我这么些年唯一一封与人讨论饮食的信，但这封信却未递出，而陈非先生已归道山了。

两肩担一口

对于吃，在社会迅速转变的今日，我的确有些感慨。因为吃虽是小道，但源远流长，体系自成，别具一格。过去吃都在家里，但如今饮食一道，也随社会转变而转变。家中虽有灶脚，却常不起炊，往往两肩担一口，踏遍市井处处吃了。

处处无家处处吃，现代的名词称为外食。据调查，现在外食的人口越来越多了。但外食也有其社会缘由，是社会现代化的结果。社会现代化的特质是方便快捷，人随着方便快捷的节奏活动，相对地却变懒了。不知为什么，现在大家都忙，偶有闲暇，就不愿将时间浪费在灶脚，洗菜、切菜、配菜，然后下锅煎炒或煮炖。忙前顾后，等菜上桌，就懒得下箸了。最好的方法是外食。外食既无须准备，又不要善后，吃罢，抹嘴就走，然后携手漫步街头，状至潇洒。

外食还有另一个因由，中国自来妇女主中馈，也就负责家庭的饮食起居。不过，时至近代倡导女权解放，五四时所喊的一句口号，就是妇女走出家庭，也就是从厨房解放出来。现在我们家里的巧妇，已变成了社会的女强人，女强人下班归来，已累得喘不过气，哪还顾得灶脚。不过，男人也不争气，放不下大男人的优越，又不能巧妇不为，拙夫自己做。最后，两性平权最好的妥协，就是外食。

外出觅食，虽然方便，但出得家门，蹀躞街头，食肆林立，市招满眼，品目繁多，而且店名又奇特，真的是四顾茫然，不知何去何从。因为这年头只要会五六个菜，而且又能把菜炒得半生不熟，就可以竖招牌立字号。至于价是否廉，物是否美，主人是否亲切可喜，都是次要。反正现代人吃的不是滋味，为的只是疗饥，疗饥是不讲滋味的。

受到现代的感染，我也变懒了。过去也欢喜在灶脚摸摸弄弄，但现在的灶脚，局促难以转身，虽储有鲍参翅肚、黄耳红菇、野竹参、裙边与哈士蟆，皆束之高阁，任其落尘，却无兴趣料理，不如外食方便。我不是美食者，只要合情趣的都吃，近在厝边，远处也有些常常思念的饮食料理的朋友，所以，两肩担一口，台北通街走。但每次出门访问，就多一次感慨，过去的古早味越来越少了。尤其这几年在大学历史系开了一门"中国饮食史"，选课的人不少。所以，特别留心身边的饮食变迁，常有吹皱一池春水的闲愁，老是担心有一天，我们下一次吃饭不用筷子了。

灶　脚

灶脚，厨房之谓。旧时有家就有灶脚，灶脚必有灶。灶脚供应全家的饮食，是家的心脏、生活的依赖。

记得儿时天寒下学归来，一头就钻进灶脚，因为母亲准在那里。然后窝在灶旁，一面向灶内添火，一面取暖。母亲在灶上准备晚餐，忙着蒸包子或馒头，切菜炒菜。蒸笼冒着馒头已熟的香气，飘散满屋，锅里的菜咕噜噜滚着。腹中饥饿，心里却充满温暖的等待，只等母亲一声传唤拿筷子拿碗，我一跃而起，请父到厨下开饭。一家人围灶而坐吃晚饭，此情此景，真想唱出："我的家庭真可爱。"

家有灶脚，有灶脚就有灶王爷，旧俗腊月二十三更尽时，灶王爷上天言事，家家祭灶。唐段成式《酉阳杂俎》说灶爷"常以月晦日上天白人罪状，大者夺纪，纪三百日，小者夺算，算一百日"。按家人罪状，大小不同，夺阳寿若干。灶王爷是玉帝遣派常驻各家的督使，这个时辰上天汇报，所以家家户户祭灶祈福，是为小年夜。宋范成大《祭灶》诗说："古传腊月二十四，灶君朝天欲言事。云车风马尚留连，

家有杯盘丰典祀。猪头烂熟双鱼鲜，豆沙甘松粉饵圆。男儿
酌献女儿避，醉酒烧钱灶君喜。婢子斗争君莫闻，猫犬触秽
君莫嗔。送君醉饱登天门，杓长杓短勿复云，乞取利市归来
分。"对祭灶情景描叙甚详。

灶王爷是家的守护神，对家人的喜怒善恶，观察皆有
考纪，准备上天禀报。但灶王爷并非铁面无私，颇有人情味
的。所以，祭灶那天将糖饴抹在灶王爷神像口中，使他上天
口不能多言，或将酒糟涂于灶口，使他酒醉不能说长道短，
只能"上天言好事，下地保平安"。

不过，自从大同电锅上市，天然气普遍使用后，灶脚的
情况改变。使用大同电锅，家庭主妇无须晨起引火，煲粥煮
饭，只要将米淘妥，置于内锅之中，然后外锅添水覆盖，最
后，像弹钢琴似的将键向下一按即可，不必再担心饭夹生或
焦煳。这是中国主食体系的粒食文化的重大超越与突破。中
国人不可一日无饭，当年留学生出国，都抱了个大同电锅漂
洋过海，表示虽漂泊异域，也不忘本。

天然气的使用，更彻底改变传统灶脚的形态。从此灶脚
煮饭用电锅，煮菜则有瓦斯炉，无须另外设灶。接着又有快
锅慢锅、微波炉的出现，灶脚无烟无火也有饭吃，这是台湾
半世纪来饮食文化重大的转变。灶脚无灶，灶王爷失去居住
之所，我们从此失去家庭的守护神。

灶脚从传统迈向现代之后，容积缩小，仅能容一身周
旋其间，两人已嫌太挤，不再是家庭聚会之所，缺少了往日

的温馨和谐。许多细事的争端被挤了出来，家庭成员生了外心，其名曰外食。灶脚没有灶，我们不仅失去了家庭的守护神，黄昏的田野也失去了诗意，因为再也看不到袅袅上升的炊烟了。没有炊烟，只剩冷灶，我们的生活也变得单调了。

厝　边

　　如今，人居高楼之上，电梯直上直下，很少遇到厝边。即使偶尔梯间相左，也不过作露齿微笑状，齿间生硬地迸出个早或好，再多就说句真热或下班放学了，都是些没有油盐的无谓话。简单冷漠，早已没有厝边的情意了。

　　厝边，左邻右舍的意思。过去的厝边，比屋而居，门庭相对。闲来无事，倚门话个家常，谈得兴起，不觉日移，往往会忘了灶脚的炖肉，没有关火。平常所谈，非关紧要，只是些身旁细事，如刚刚从市场买了些什么，准备如何调理之类。的确，当年的厝边灶脚相连，往往是一家煮菜几家香，门首的会谈，成了饮食经验的交流。有时缺盐少酱，互通有无，吃忙当紧，相助相携。

　　当初选定在此落户，图的是个闹中取静。社区不大，百来户人家，四合院的建筑，中庭宽广，花草树木有专人料理，修剪得很齐整。前后门有人守望，前临马路，后有巷道，入得院来而无车马喧嚣，凌晨的庭院竟有雀鸟攀树枝啾啾。庭院不深，但厝边却近而不亲。不得已只好出门另觅厝边。

出门数步，有个公园，公园不大，树木森森，非常清幽，成了我晨夕漫步的场所。园中有池，池上架拱桥，池旁植柳，不知何时多了两只白鹅浮游其间，尤其斜风细雨，柳丝飘拂含烟，景物似是四月江南。池塘外的林荫里，有步道环绕，人在道上或跑或行。林荫间散着练拳舞刀的，随音乐节拍起舞的，还有练香功或养气的……人多不杂，却有小犬奔跑往来吠叫。

公园外只要警察不来，嘈杂得像个集市，豆腐青菜、水果干货、馒头包子、厨具衣物皆有。偶尔还有个山东老乡卖牛筋的，他卖的牛筋是牛面颊和牛眼，是当年大千所嗜红烧牛头的原料。这时环绕着公园的各家吃食店也开门了。这些吃食店就是我厝边外的厝边了。

环绕这一带的吃食店种类不少，屈指算来，有豆浆、素食与地瓜粥、蚵仔面线、广东粥、米粉汤与猪肠、肉丸、凉面、意面、米糕、油饭、福州干拌面与福州鱼丸，还有三家"美而美"的汉堡和三明治……这是早市，也都是我的好厝边，每天在公园里行走，心里就盘算着去哪家，轮流拜访，才不冷落厝边。

不过，我常去光顾的还是家豆浆店。当初搬来的时候，为了这家豆浆店高兴了一阵子。在外漂流多年，想的就是碗热腾腾的豆浆，和一套刚出炉的烧饼夹油条。开店的兄弟二人，其中一个是哑巴，和我交情很好，每次去都比手画脚一番，然后再为我燃上一支烟。和哑巴交朋友有个好处，没有语言的是非。后来知道他们是客家人，他们的母亲告诉我，她四女三子在台北开了七家豆浆店。只有忍劳耐苦的客家人，才能从山东人手里接下这种起早睡晚的行业，从永和扩展到台湾各地，再发展到海外并且回流到大陆去，这是台湾饮食本土化转变中很重要的过程。半年前马路对面，新开了一家二十四小时营业的永和豆浆店，老板娘也是客家人，巴拉圭的归侨，他们在那里就是经营永和豆浆的。

饮食与文学

　　谈饮食文学，我还是从历史的角度来看这个问题。在儒家的价值体系里首先注意饮食，却不让人民吃饱，因为吃饱会生事，吃不饱又会造反，让老百姓有得吃，不饿死就行了。所以在正史里关于饮食的资料不多，饮食材料很多存于文学作品中。在文学作品里有很多描绘不同时代的饮食生活，包括蔬果、茶酒与饮食习惯或饮食行业的经营。透过这些文学作品，可以了解饮食在社会变迁中的影响。

　　去年在政大中文系开了一门"饮食与文学"的课程，从文学讨论饮食的变迁。在唐诗中有大批的饮食资料，有一次我为了写茶的文章，统计过唐诗中关于茶的诗有六百多首，关于酒更多。因为由酒变茶，是魏晋至隋唐饮食文化重大的转变，我写了一篇《寒夜客来茶当酒》分析这个问题。因为"茶"这个新饮料的出现，使得喝酒的风气变了，转变的开始大约在东晋陶渊明的时期，陶渊明天天喝酒且好酒，但他不像魏晋初期的竹林七贤那么狂放与拼命饮酒，他在喝酒的时候，把生命与历史时代融合为一，因而产生了《桃花源记》。

再说我们大家都吃东坡肉，东坡肉是苏东坡被贬到黄州时所发明的。黄州的猪肉好又产竹笋，经东坡慢着火少着水地烹调，而出现东坡肉。在黄州时苏东坡的词有一大转变，从平常走向豪放。后来他到了海南岛，心情更为超越，因为海南岛更没有东西好吃，他只吃些野味，连蝙蝠都吃了。所以他的诗又超越了出来，他自己认为已达到陶渊明的境界，因此，从文学作品中我们可以看出很多饮食的习惯。

明清的小说隐藏着丰富的文学资料，像《水浒传》《金瓶梅》《西游记》《儒林外史》《红楼梦》，这些小说都反映了一个时代的饮食风貌，譬如《水浒传》写了快活林的酒店，写了卖人肉包子的黑店，而梁山上是大碗喝酒大块吃肉，写的虽是宋代，却表现了施耐庵生活的原貌，当时因为战乱社会经济还没有恢复，所以他不能写精细的饮食。《金瓶梅》是一个时代城市经济发展后的产物，表现城市居民的生活奢侈，着墨于声色和饮食层面，过去我们往往只注意到其中的艳情而忽略饮食。《金瓶梅》的饮食是城市兴起的经济状况展现，钱的使用不再投资于土地，而是商业的流通与消费。《金瓶梅》的饮食发展在黄河以南、淮河以北的饮食文化圈，和孔府的饮食文化相重叠。很奇怪的是，《西游记》写了很多神仙的饮食，虽是唐代，却表现了明代晚年扬州江淮一带的饮食习惯，因为吴承恩生活在这个乡间，生活很清苦，吃的都是素菜。《西游记》所描写的那些神仙的食物其实都是人间食谱，表现了江淮一带乡里的食品。《红楼梦》的金液玉食，表现了豪门的饮食。曹雪芹的家族是汉化的满人，但在金陵六十年，已习惯汉人的生活。雪芹十三岁被抄家到了北京后，他又回到满洲人的生活文化圈里，他很明显是一个边际人。他在北京却向往南京的繁华，表现在他小说的饮食里面。透过小说的饮食，我们可以了解一个时期文化的形态。

比如说近代的小说，鲁迅很少写饮食。但我比较喜欢鲁迅的一篇《在酒楼上》，写分别很久的朋友在下雪天不期而遇，主角在酒楼叫的豆腐干、兰花豆，都出自绍兴，小说表现了绍兴的饮食习惯。五四时代作者往往将自己的生活经验写进小说里去，这个小酒楼就在绍兴鲁迅故居旁，是鲁迅接待朋友的地方，我曾去探访过。

所以，许多的饮食资料，隐藏在文学作品之中，待我们探索，待我们发掘。

（饮食文学国际研讨会之圆桌会议的引言）